SU'S PATCHWORK LIFE

SU'S PATCHWORK LIFE

SU'S PATCHWORK LIFE

SU'S PATCHWORK LIFE

最幸福の遇見！

廚娃&小羊羹の好可愛貼布縫

Su 廚娃◎著

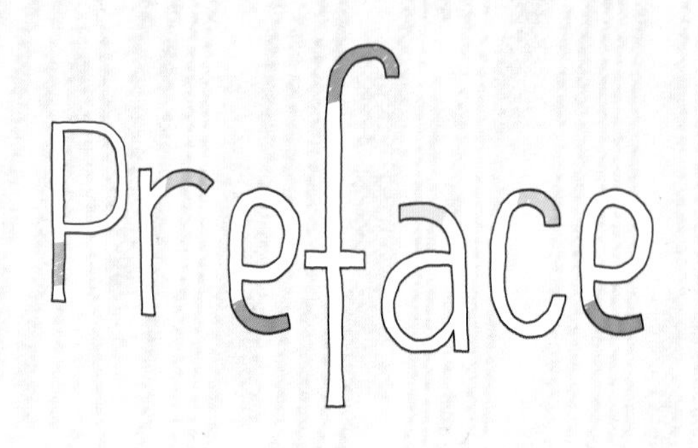

以愛延續，以愛創作，讓手作的溫度一直發熱

10多年了，對於拼布依舊充滿熱情。

而我的日常生活，似乎和手作脫不了關係。
也許在自家的餐桌上貼貼縫縫，
也許在混熟的早餐店裡拿出針線，
也許跑到咖啡店攤了一桌的彩色筆。

以手作的溫度傳遞幸福的力量，
是我的創作目標，也以此一直努力的堅持著。

2010年有廚娃、阿粘熊、粘粘兔，
而在2017年多了一個新角色──小羊羹。
小羊羹是我的外孫，
羹媽在懷孕初期的時候，作了有關鴿子的胎夢，
鴿子的解讀表示會生個漂亮的男生，
因此小羊羹還在羹媽肚子裡的時候，
我就把小羊羹這個角色帶入我的拼布創作。

10多年前的魔法廚娃，我是以一個當母親的心情去創作，
如今我的外孫竟也成為我的手作靈感。

以愛延續，以愛創作，讓手作的溫度一直發熱……

Hi！我是小羊羹！

Su廚娃

網路作家。

愛玩針線，也愛紙上塗鴨，

一個熱愛手作的家庭主婦。

Facebook粉絲專頁請搜尋「Su廚娃手作力空間」

CONTENT

CHAPTER 2

CHAPTER 3

CHAPTER 4

CHAPTER 1

最幸福的小事

以手作的溫度傳遞幸福的力量，
是我的創作目標，
也以此一直努力的堅持著。

THE HAPPIEST LITTLE THINGS

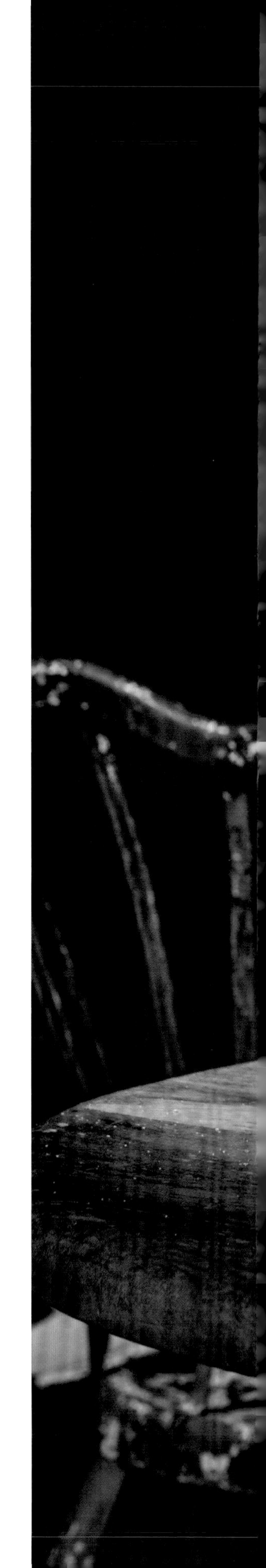

CHAPTER 1

幸運

帶給別人幸運的人，
幸運也會常伴左右。

幸運廚娃零錢包

How to make P.73 至 P.75 ◎紙型 A 面

遇見

創作即是生活，慢慢往前，
你會發現，最可愛的遇見。

公雞小羊羹零錢包

How to make P.62 至 P.67 ◎紙型 B 面

CHAPTER 1

◎紙型 B 面

CHAPTER 1

◎紙型 B 面

小可愛

小貓咪、粘粘兔，
戴著蝴蝶結的小可愛們，
都是我的手作生活裡，
不可或缺的固定班底。

貓咪零錢包

How to make P.76 至 P.77
◎紙型 A 面

From Mom
Sewing Love

CHAPTER 1

笑嘻嘻

喜歡烏嚕嚕的笑容，
就像陽光一樣燦爛，
看到他就有好心情！

烏嚕嚕筆袋

How to make P.78 至 P.79 ◎紙型 A 面

初心

蘋果是我創作的開始——
手作的初心。
每一次的前進，
都懷抱著新的動力，
但也一定要記得，最初的自己。

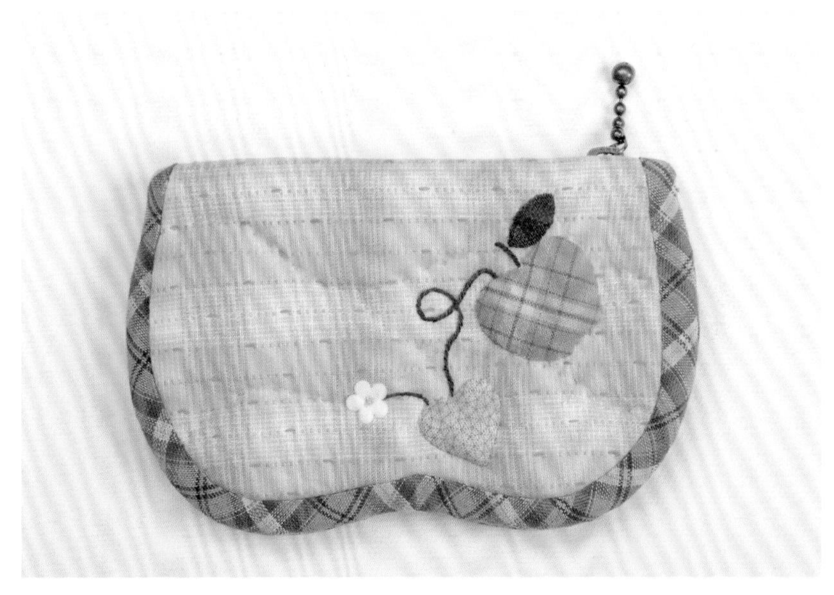

小蘋果收納包

How to make P.68 至 P.71 ◎紙型 A 面

CHAPTER 1

幸福花圈

最美的邂逅是——
捧著幸福的花束，
與你一起，
前往未來的道路。

花嫁廚娃提袋

How to make P.80 至 P.81 ◎紙型 B 面

CHAPTER 1

甜蜜收穫

我在心裡，
悄悄種下希望，
每一天都用心的灌溉，
耐心，會帶來最好的收穫。

收穫廚娃大提袋

How to make P.82 至 P.83 ◎紙型 B 面

花開的美好

以幸福的笑容，迎接四季，
保持樂觀，勇往直前。
每一天都是花開的好日子。

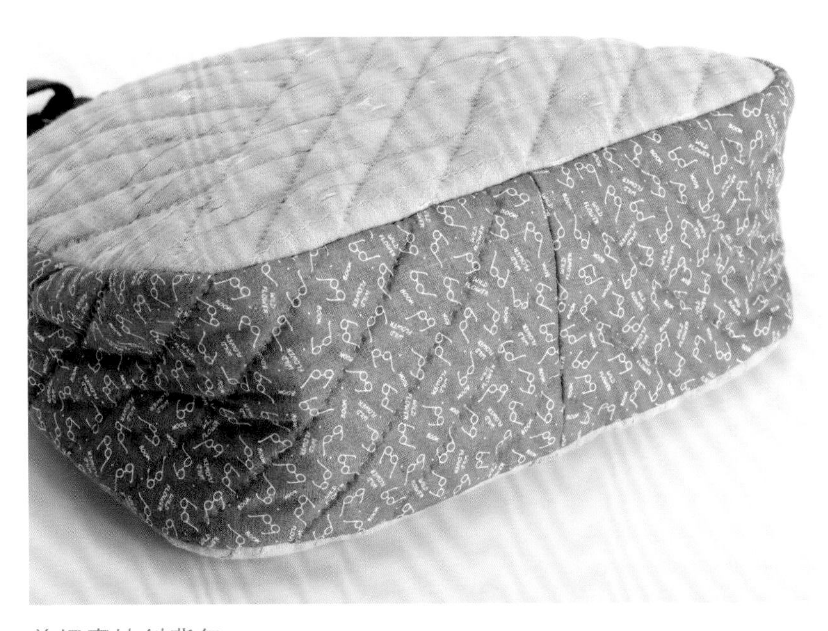

美好廚娃斜背包
How to make P.84 至 P.85 ◎紙型 B 面

honey bee
it is to be
buzzzzz......

心花開

勇敢的前進吧！
穿上可愛的花洋裝，
帶著美麗的好心情，
還有全新的自己。

心花開廚娃大包

How to make P.86 至 P.87 ◎紙型 B 面

CHAPTER 1

Shape of my heart 鑰匙包
How to make P.88 至 P.89 ◎紙型 A 面

Shape of my heart

人生，
如同花一樣的幸福綻放，
就像是點點滴滴的繽紛，
再慢慢組成的心的形狀。

WORK SHOP
STONE
MARIGOLD

CHAPTER 2

遇見
創作×生活
の原味

有時覺得，
作品似乎要搭配一個動人的故事，
才能有利行銷，容易被看見。
只要拿起筆，就會很快樂的我，
就只是單純的感到幸福，
故事，也許就是從遇見開始的。

CREATIVE × LIFE

MANUFACTURED BY
The Oliver Typewriter Co.
CHICAGO, U.S.A.
Keep Machine cleaned and oiled.
No. 9

靈感

我的外孫——小羊羹，

成就了我的靈感，

我把他帶進我的創作裡，

讓幸福的種子繼續萌芽。

淘氣小羊羹

◎紙型 A 面

小羊羹的媽咪在懷孕初期夢見了鴿子。

據說鴿子是胎夢，表示會是個漂亮的男生。

因此漂亮的小羊羹，我以捲翹的睫毛來表現，

小男生也總是比較好動，所以臉上烏青掛彩一定免不了！

手作廚娃
◎紙型 A 面

怎麼作也不會膩的貼布縫

一針一線的貼布縫，

有時製作過程也不是都非常順利，

但是手作是我的精神糧食，

因此我告訴自己：

堅持不放棄，作就對了！

突然閃過想貼布縫貓咪的念頭，
但是紙張幾乎畫爛了，
也無法完美的呈現貓咪的身體，
只好讓貓咪穿上衣服藏拙了！（笑）

貓咪的萬聖節　◎紙型A面

▲小羊羹的南瓜派對　◎紙型 A 面

▶小羊羹的烘焙時光　◎紙型 A 面

喜歡刺繡

10多年創作的路，

不知不覺就貪心了起來，

不再只是單純拼布、貼布縫就能夠滿足的，

於是將刺繡、圖畫加了進來，

以三合一的媒材創作，

終於，

我完成了潛藏已久的一個小小夢想。

刺繡廚娃
◎紙型 A 面

我愛畫畫

只是因為說了一句：「我想要更進步⋯⋯」

老粘二話不說添購繪圖工具給我。

所謂的「進步」，是跨出了第一步，然後有了「開始」。

但在工具入手之後，卻比想像中的難，完全沒接觸過的東西，

我只能以土法煉鋼的方式去征服它。

勤能補拙，一直畫，一直練習，慢慢地進步，漸漸地順手，

希望能夠越來越好。

這一系列的色鉛筆手繪，都會有一隻小鳥在旁，

其實這隻小鳥是小小su的朋友。

我們作任何事情，都需要朋友的陪伴，

能夠與朋友分享喜怒哀樂，幸福感更加分。

表現初心的幸福感——YOYO球

在這次的新書創作裡，

收錄了一系列以YOYO球作成花朵、花圈的作品，

簡單的YOYO球是學習拼布的基礎，

但有時候愈簡單，愈能表現出平凡的美感。

我在廚娃的頭髮上加了YOYO球花圈，

手上捧著YOYO花束，迎接幸福未來的每一天，

手作帶來的幸福感，就是從這樣微小的心意萌芽的。

廚娃的手作小教室

廚娃の製作前小叮嚀

◆本書作法標示尺寸皆不含縫份，有含縫份的作品，在說明時都會特別註明。

◆本書紙型幾乎不含縫份，有含縫份的作品，在附錄紙型都會特別註明。

◆袋物長條狀的側身與袋身縫合時，側身的轉角處須剪牙口，製作袋物遇到凹陷處也要剪牙口。

◆需要翻面的小物，可以止血鉗輔助。製作蝴蝶結，也可以利用止血鉗輔助打結。

◆有些沒有標示序號的貼布圖案，因為不影響貼布縫，因此不另行標示。

◆布片會因為壓線之後而縮小，所以作品周圍的布片縫份預留 2cm 左右，以利修剪。

SU'S PATCHWORK CLASS

CHAPTER 3 常用工具&材料

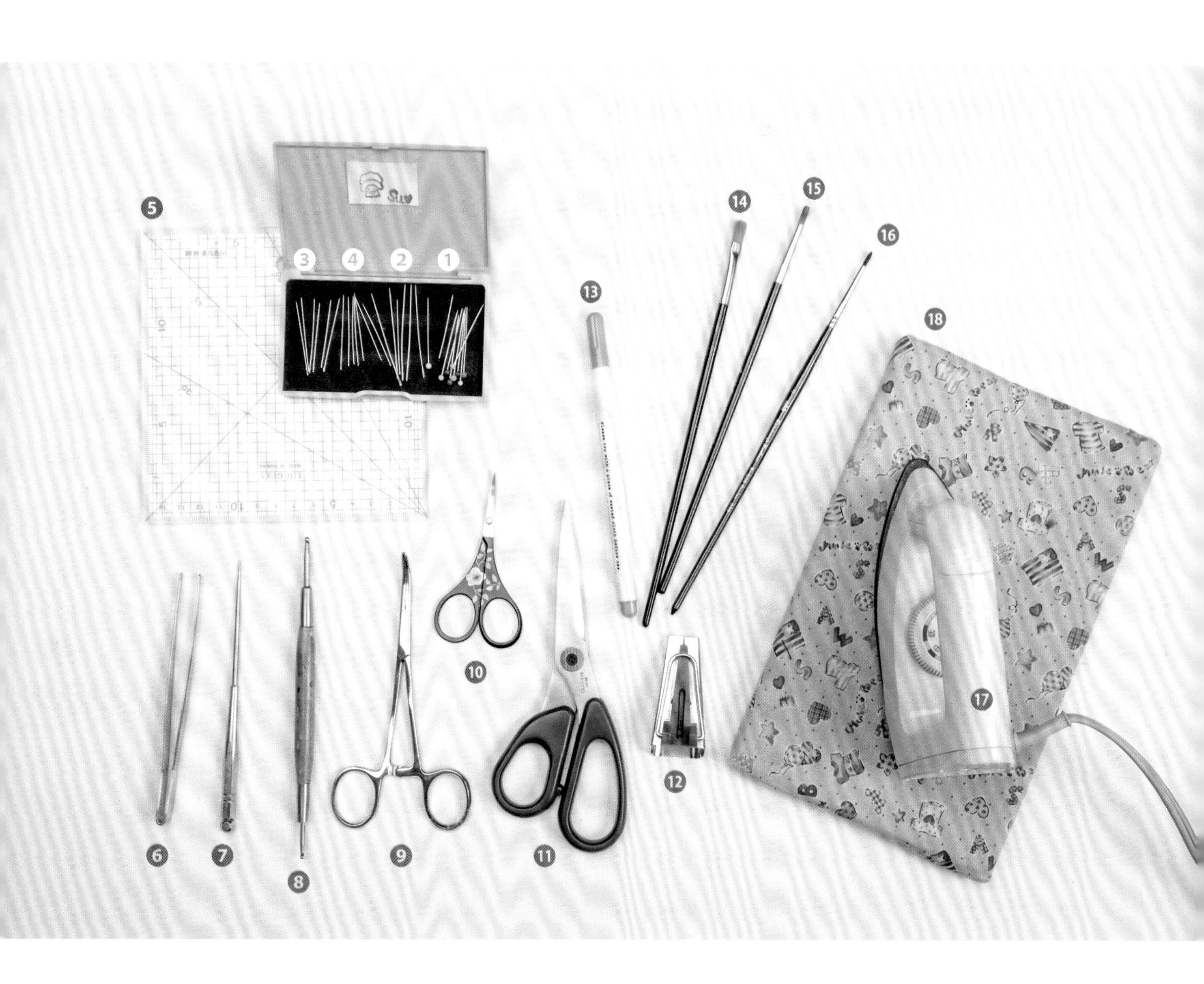

❶ 珠針
❷ 疏縫針
❸ 手縫針
❹ 貼縫針
❺ 定規尺
❻ 鑷子
❼ 錐子
❽ 鐵筆
❾ 止血鉗
❿ 縫線剪刀
⓫ 布用剪刀
⓬ 滾邊器
⓭ 水消筆
⓮ 平筆
⓯ 美術筆
⓰ 圓筆
⓱ 熨斗
⓲ 燙板

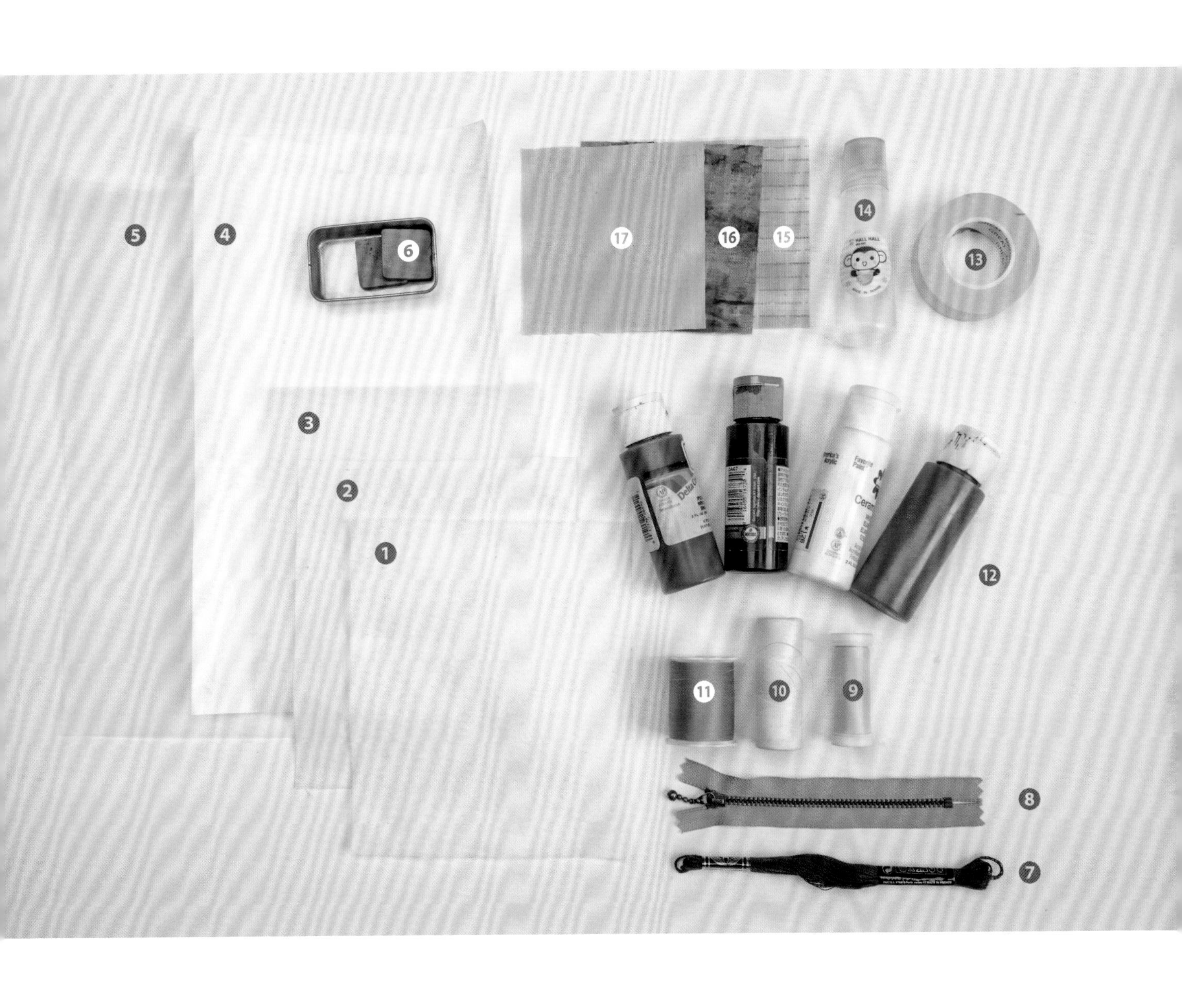

❶ 鋪棉（薄）
❷ 厚布襯
❸ 鋪棉
❹ 冷凍紙
❺ 描圖紙
❻ 色塊粉
❼ 繡線
❽ 拉鍊
❾ 貼縫線
❿ 疏縫線
⓫ 手縫線
⓬ 壓克力顏料
⓭ 紙膠帶
⓮ 膠水
⓯ 先染布
⓰ 棉布
⓱ 野木棉膚色布

CHAPTER 3 基礎繡法

扇貝針繡

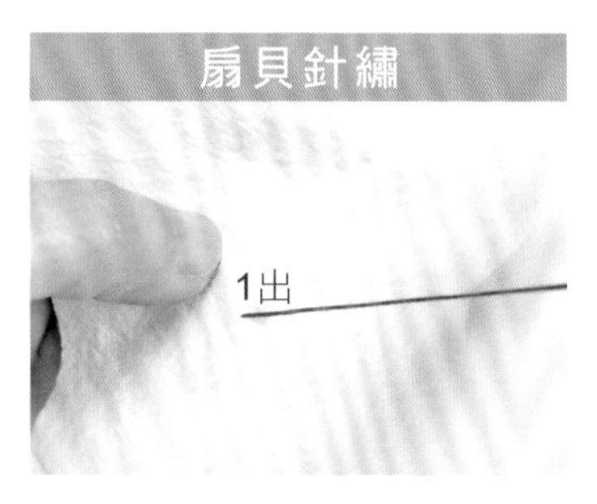

01 1出。

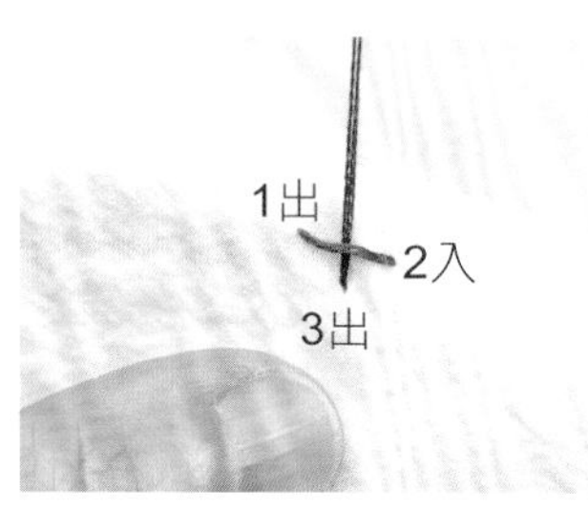

02 2入→3出。

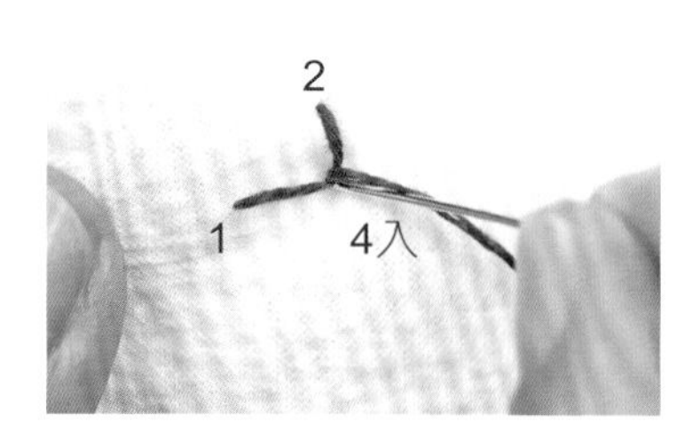

03 4入。將1到2的繡線往4拉再穿入。

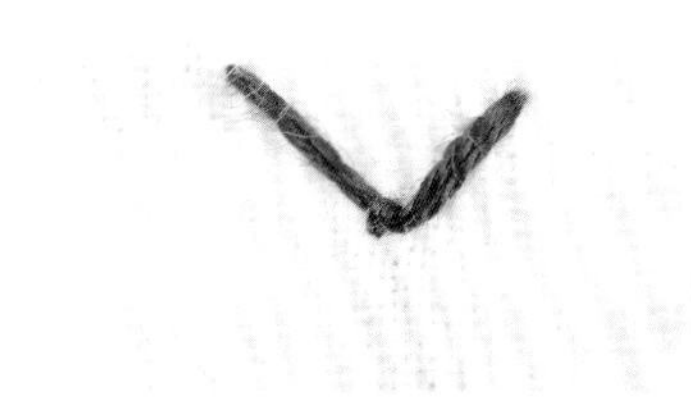

04 扇貝針繡完成。

結粒繡

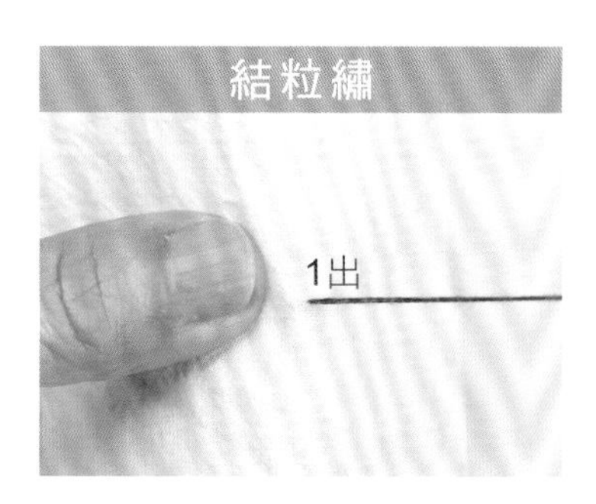

01 1出。

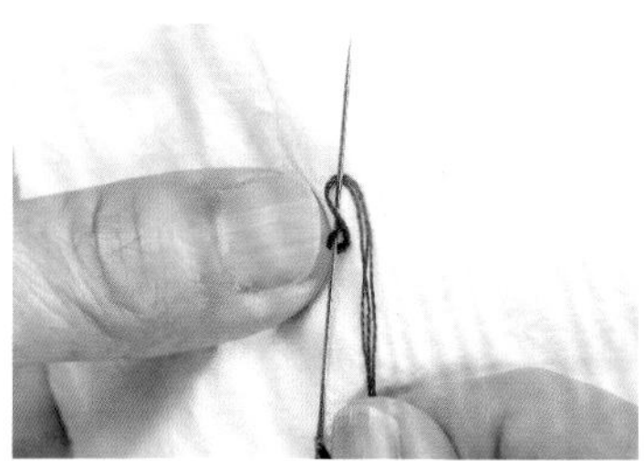

02 將繡線如圖繞成8字狀。

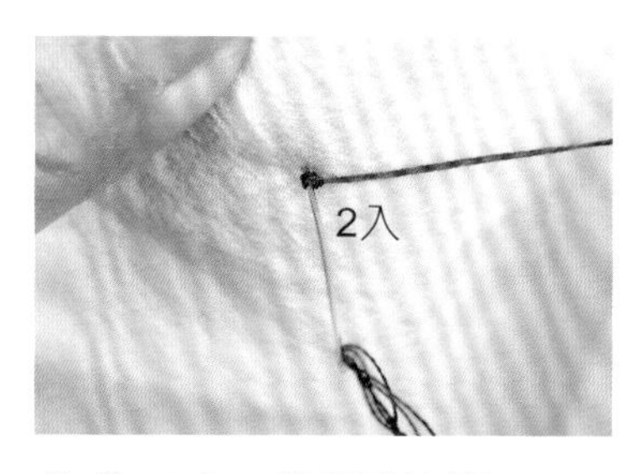

03 2入。將繡線拉緊。

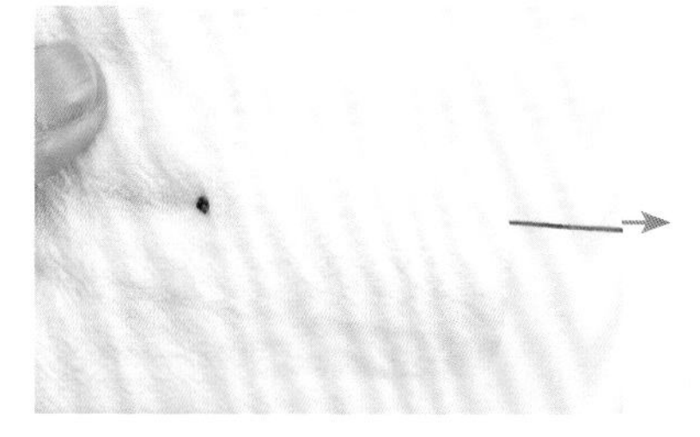

04 穿入打結。

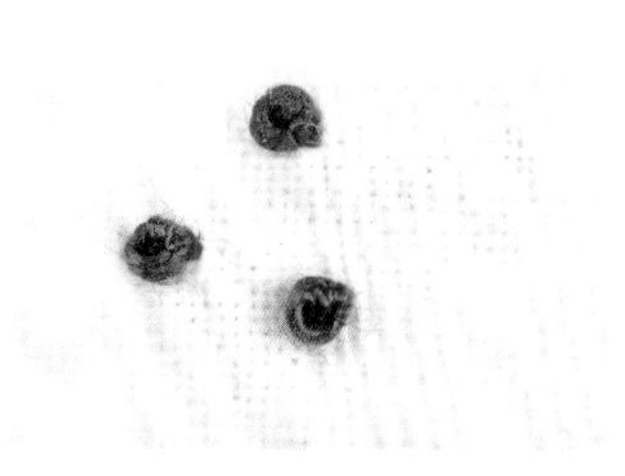

05 結粒繡完成。

CHAPTER 3 基礎繡法

緞面繡

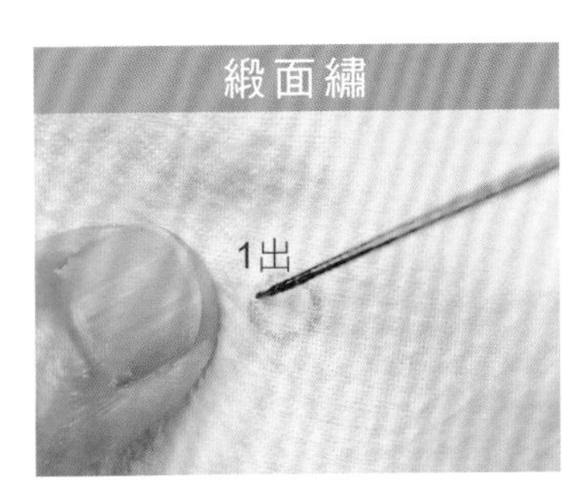

01 1出。

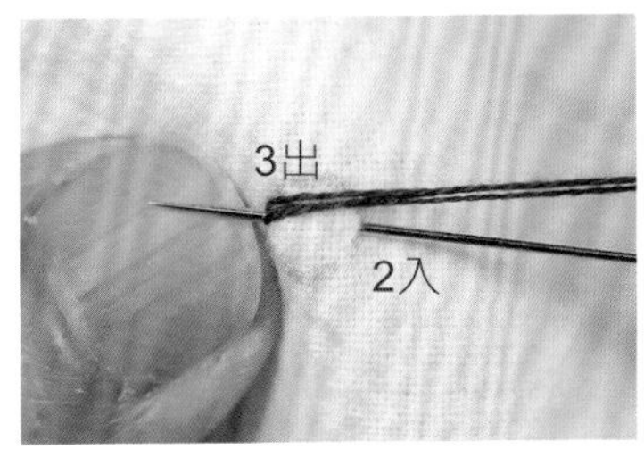

02 2入→3出。

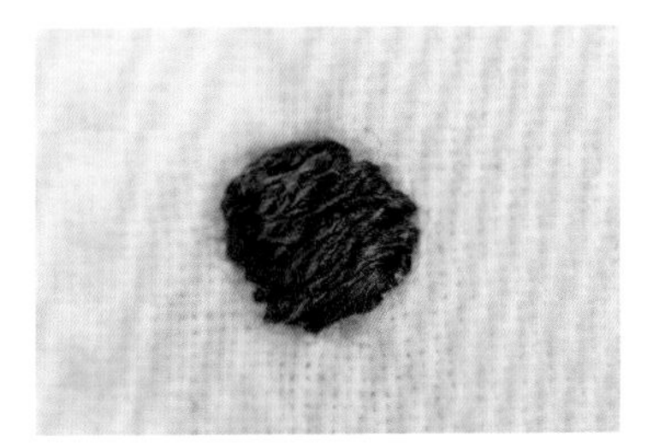

03 如圖填滿，緞面繡完成。

回針繡

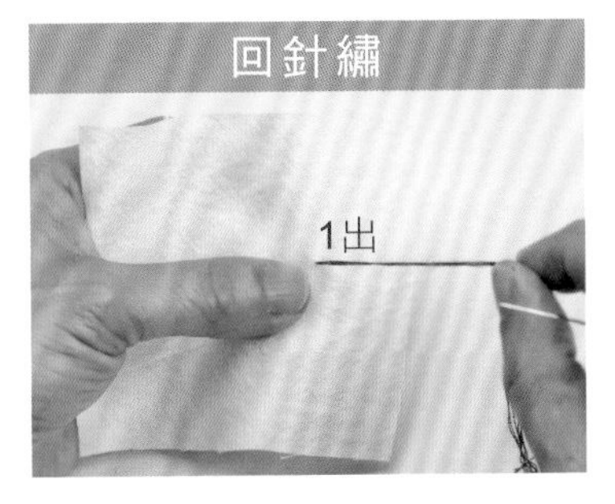

01 1出。

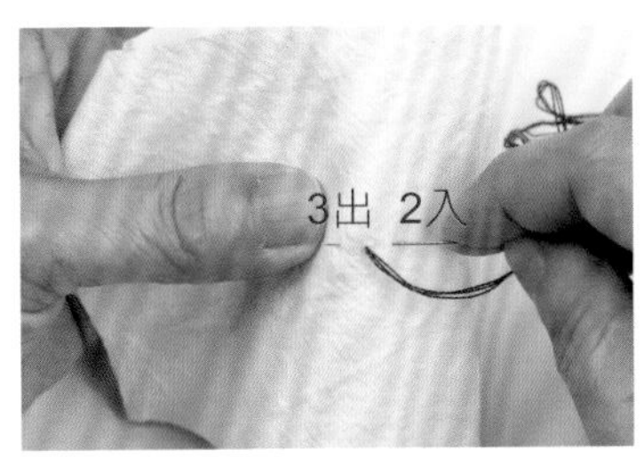

02 2入→3出。

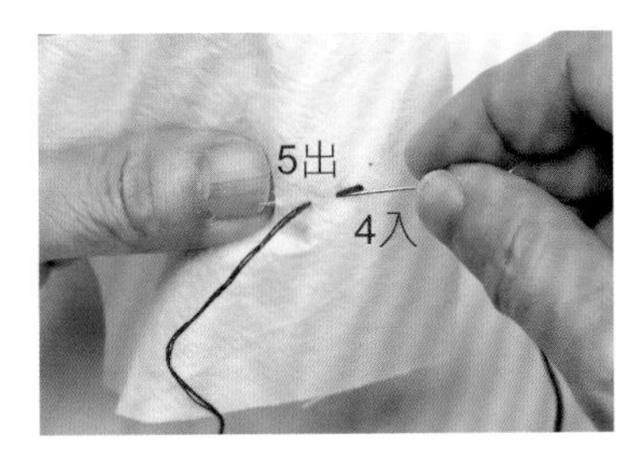

03 4入→5出。

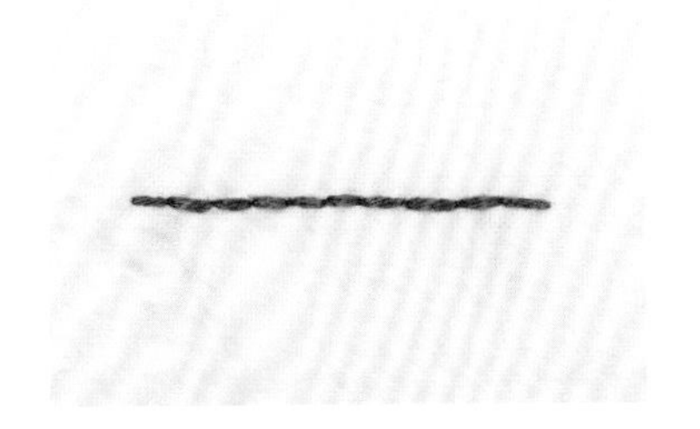

04 回針縫完成。

雛菊繡

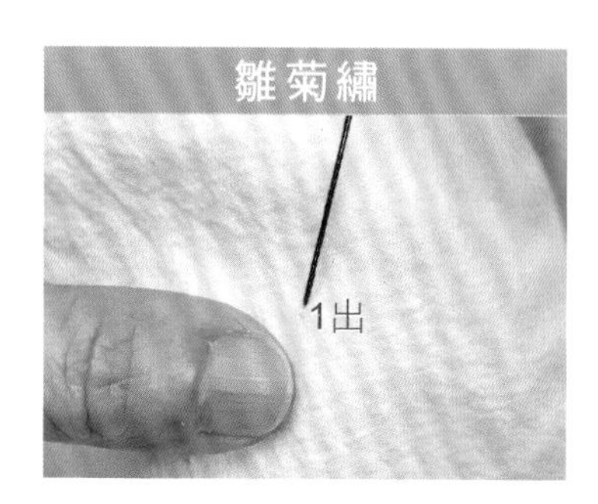

01 1出。

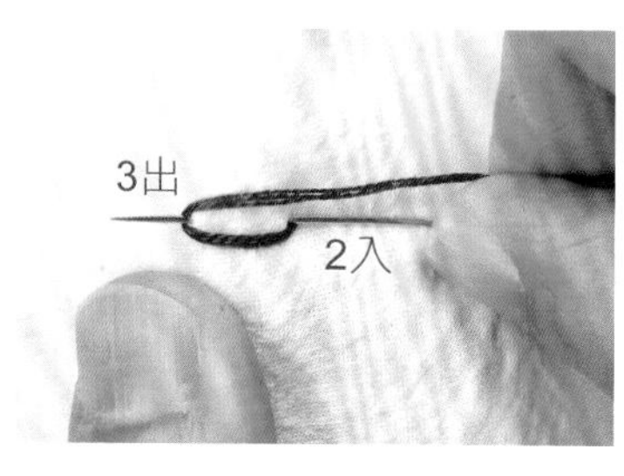

02 2入→3出。如圖將繡線繞至針下。

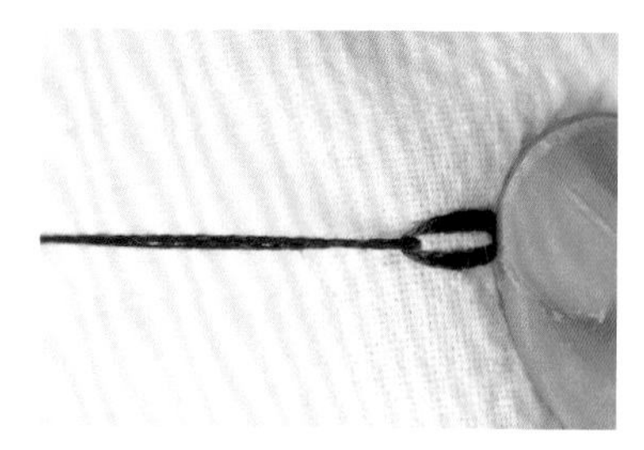

03 如圖拉出繡線。

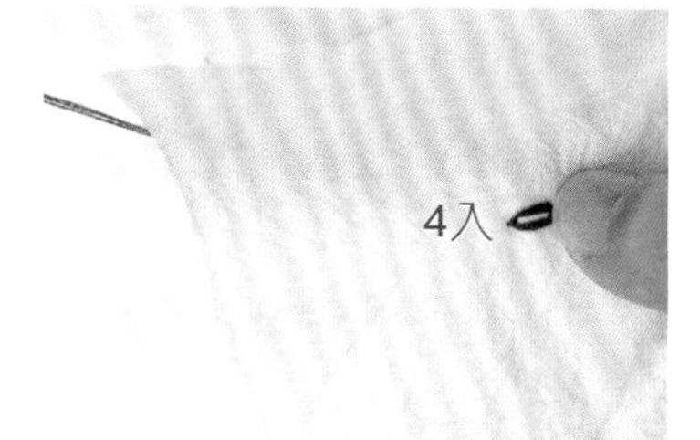

04 4入。

05 雛菊繡完成。

輪廓繡

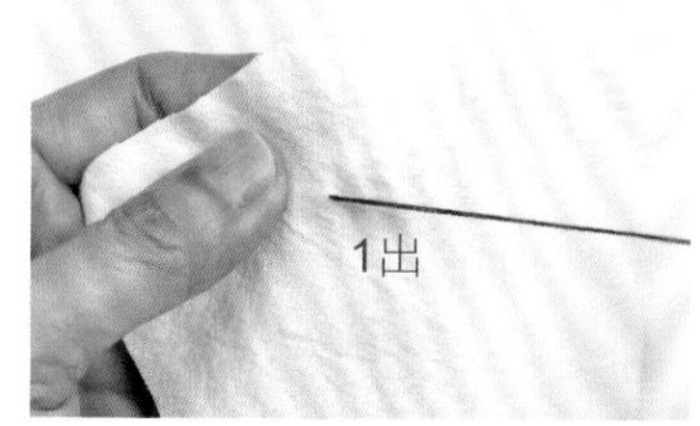

01 1出。

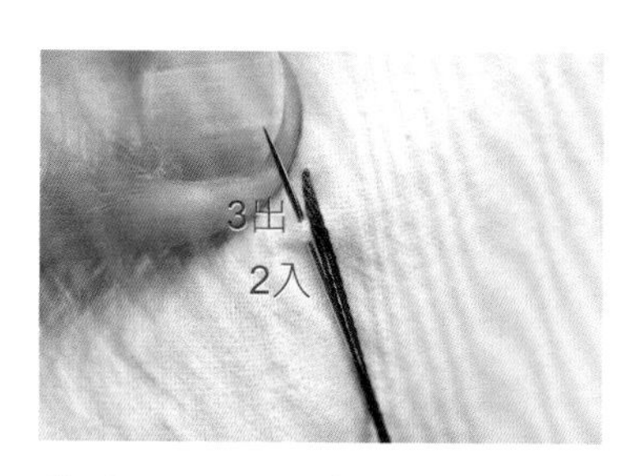

02 2入→3出。

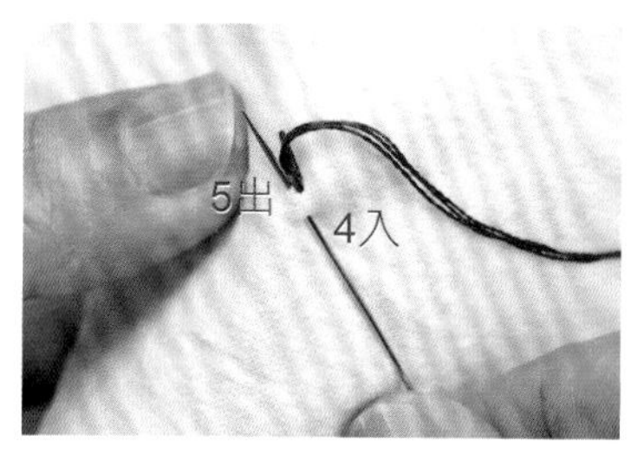

03 4入→5出。

04 輪廓繡完成。

CHAPTER 3 基礎技巧

蝴蝶結製作

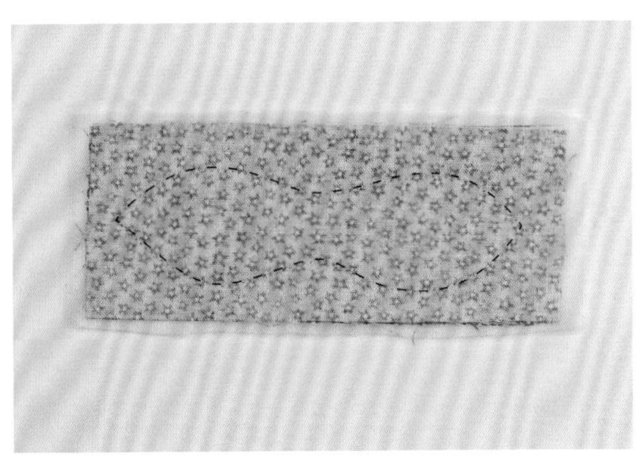

01 前片加後片正面相對疊合，再加鋪棉（薄）車縫一圈。

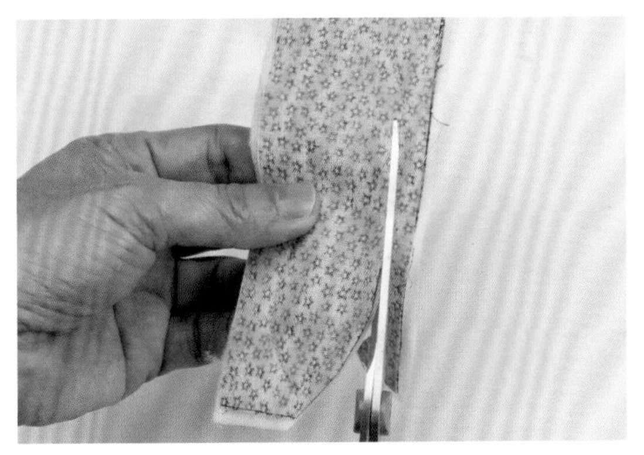

02 依紙型外加縫份修剪。

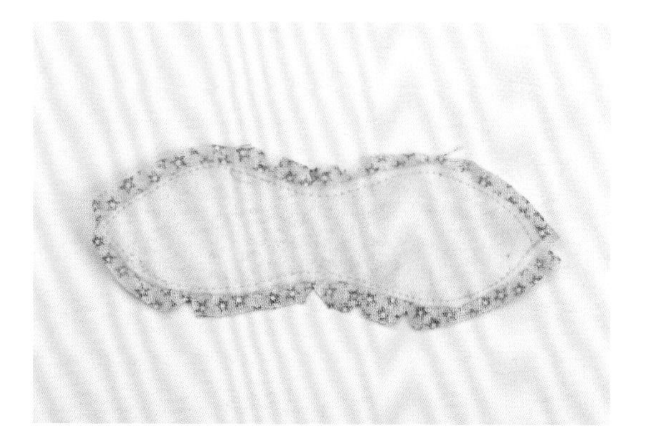

03 翻至背面，將鋪棉縫份剪掉，凹陷處剪牙口。

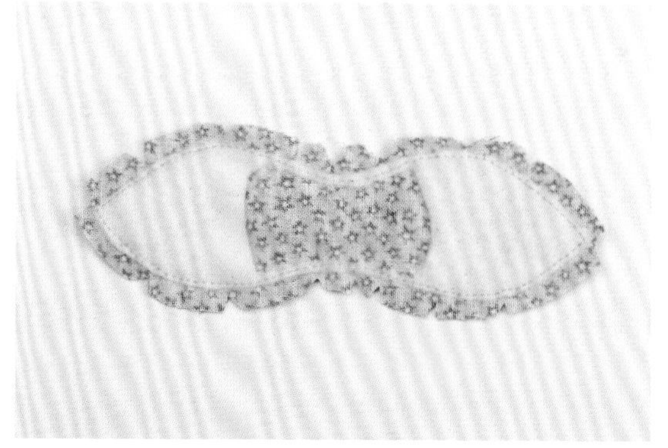

04 依紙型標示處剪掉鋪棉。

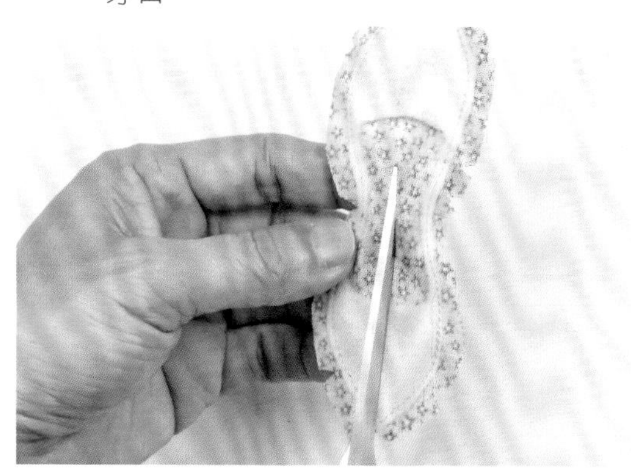

05 剪開裁切口。

06 將止血鉗由裁切口穿入，夾住布片。（夾住多一點布片才不容易破）

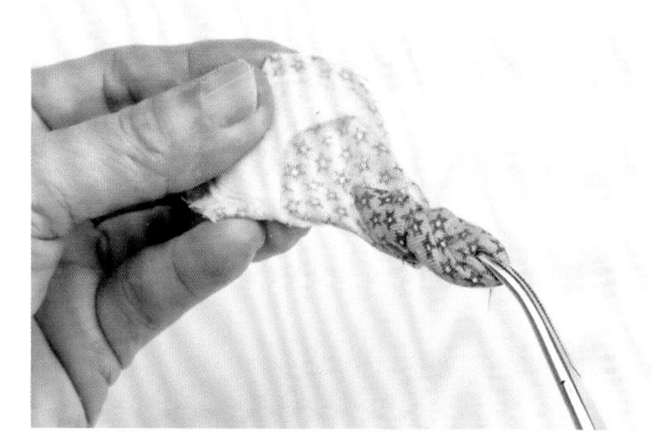

07 將蝴蝶結翻到正面。

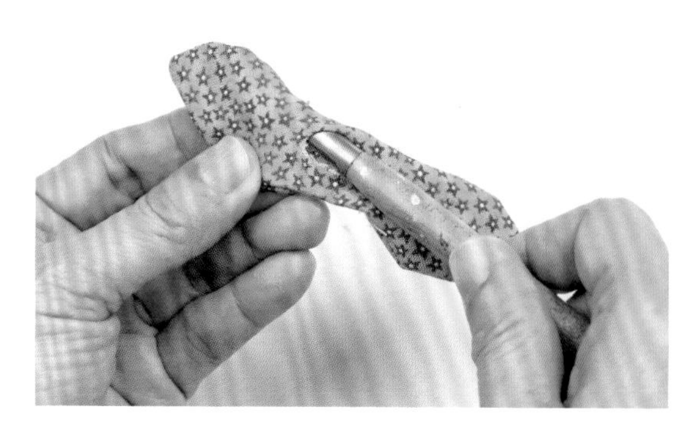

08 以鐵筆（粗）整型。

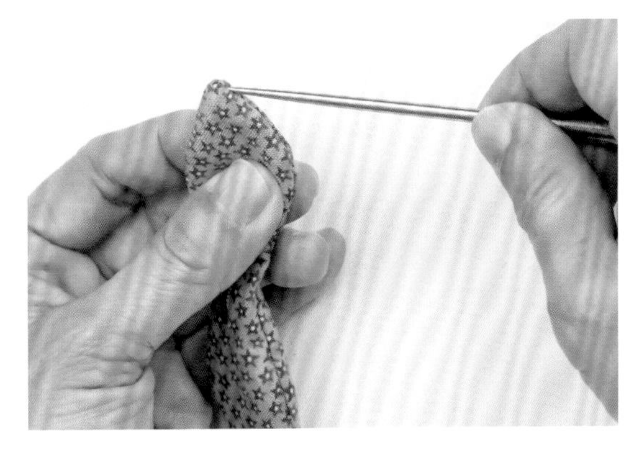

09 再以錐子從正面整型。

10 縫合裁切口。

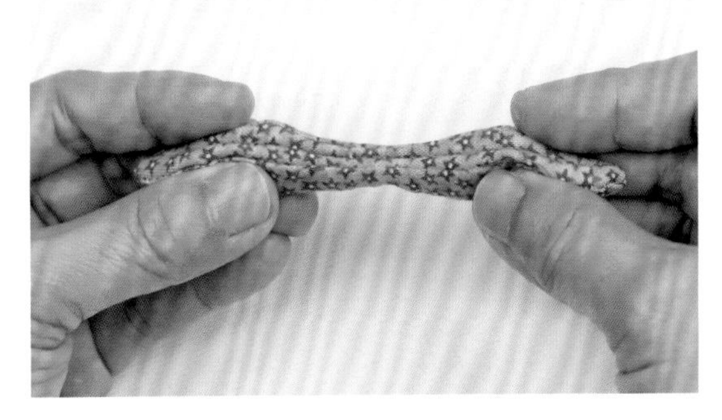

11 蝴蝶結往裁切口摺。

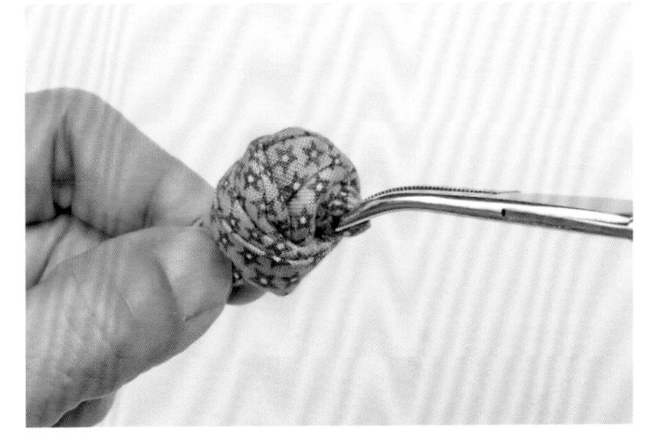

12 利用止血鉗輔助，左、右兩端往中心點打結。

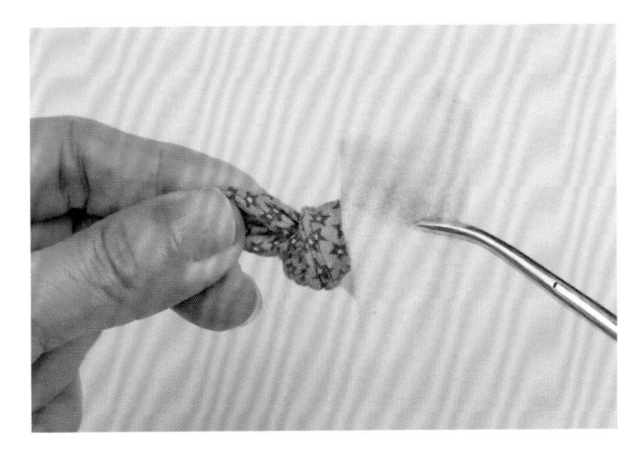

13 以止血鉗夾住蝴蝶結表布，拉緊打結。（可利用鋪棉保護，以免布片因用力拉扯而破掉）

14 蝴蝶結完成。

CHAPTER 3 基礎技巧

葉子製作

01 裁切一片圓形布片。（附錄紙型最大的圓形）

02 往中心線對摺。

03 左、右兩端往中心點摺。（稍微重疊）

04 疏縫。

05 縫線拉緊打結。

CHAPTER 3 基礎技巧

Yoyo製作

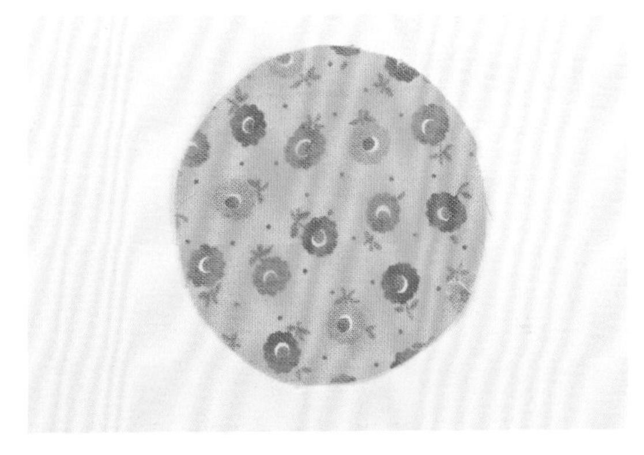

01 裁切一片圓形布片。

02 縫份（約 0.3cm）往背面內摺，一邊摺一邊疏縫。（也可以將 0.3cm 先整燙一圈）

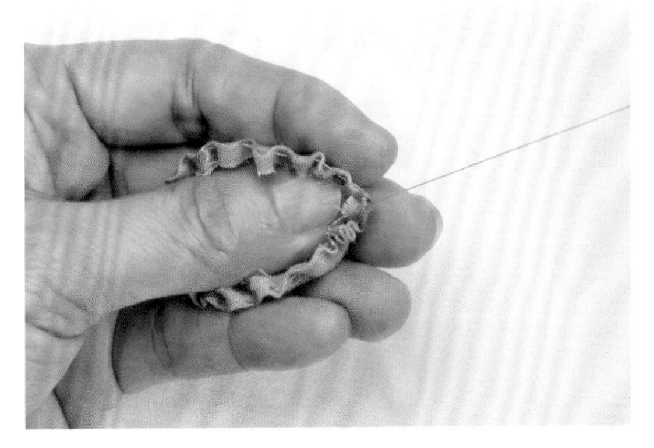

03 疏縫一圈之後，將縫線拉緊。

04 針線由洞口穿入。

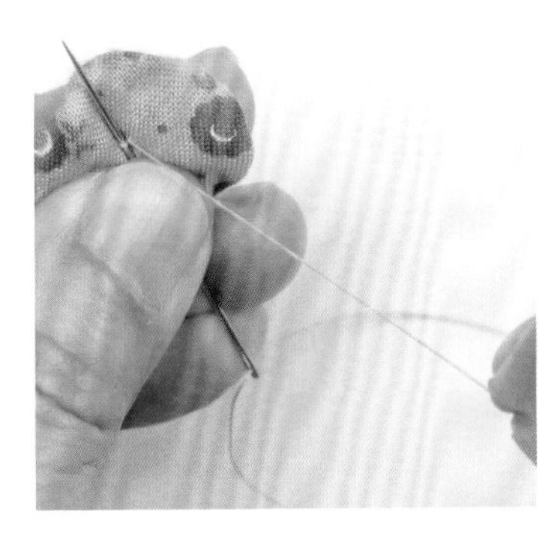

05 打結。

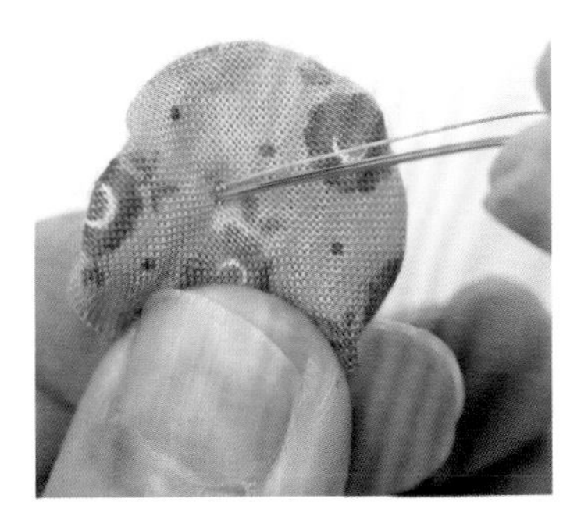

06 將縫線拉入到背面再剪線即完成。

CHAPTER 3：廚娃小教室

公雞小羊羹零錢包

◎紙型 B 面

材料

膚色布片 17×17cm（含手足）
咖啡色布片 9×12cm
嘴巴布片 3×3cm
公雞布片 21×21cm
翅膀布片 7×15cm
雞冠布片 10×10cm
褲子布片 7×18cm
（掛耳布片 1.5×5cm）
鋪棉 16×25cm
鋪棉（薄）17×21cm
蠟繩（細）5cm
紅色、黑色、咖啡色繡線適量
白色、咖啡色壓克力顏料
拉鍊 12.5cm1 條
皮製提把 1 組
黑色釦子 1cm、0.7cm 各 2 個

01 描圖紙依紙型描好。冷凍紙依描圖紙紙型，描繪公雞的身體與嘴巴。（描圖紙紙型背面朝上）

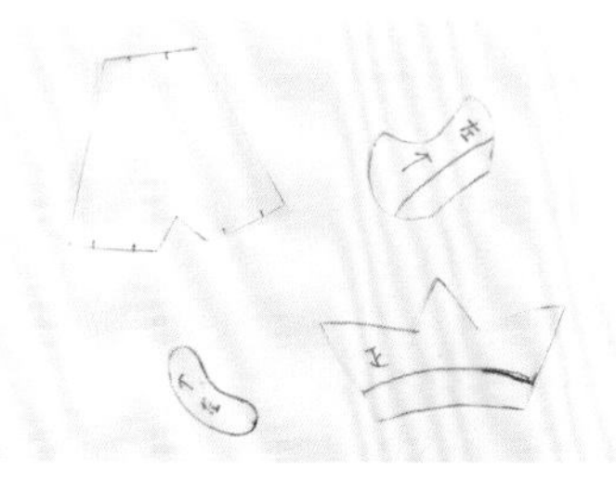

02 利用塑膠板製作紙型。

03 各部位依紙型車縫。前片＋後片＋鋪棉（薄），正面相對疊合車縫。（記得留返口）

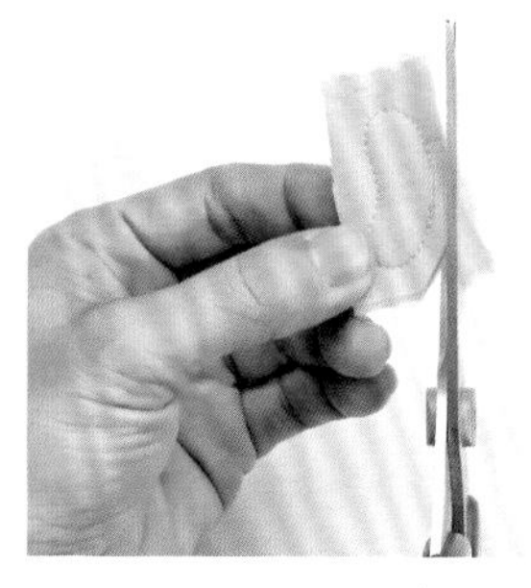

04 車縫後，留 0.7cm 縫份再修剪。

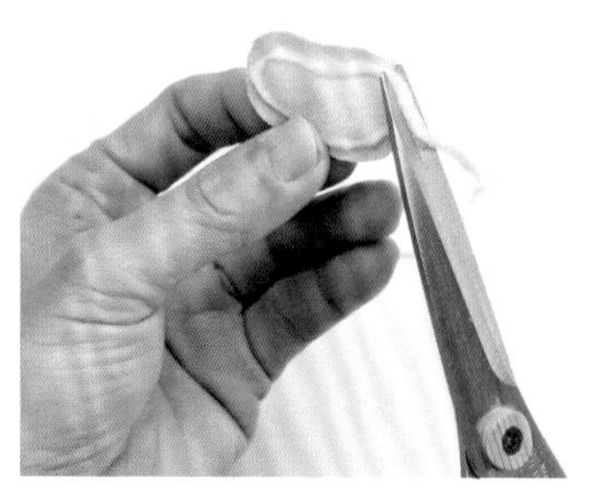

05 將鋪棉的縫份剪掉。

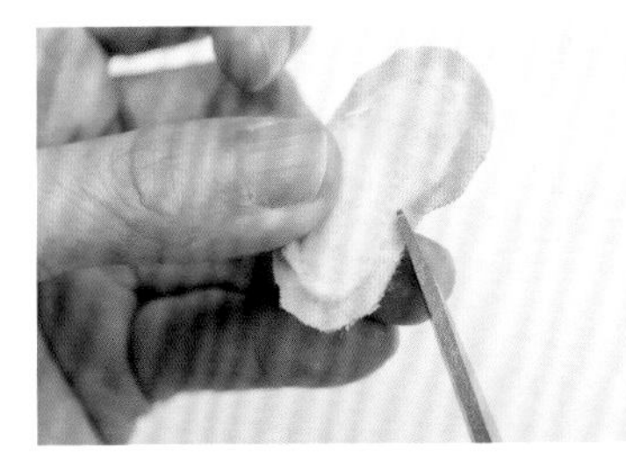

06 剪牙口。

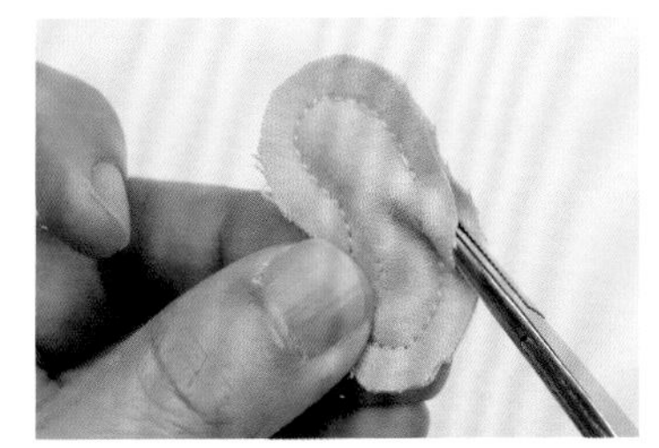

07 以止血鉗輔助。

08 以止血鉗夾住布片翻到正面。（止血鉗盡量夾多一點布片，布片才不容易破）

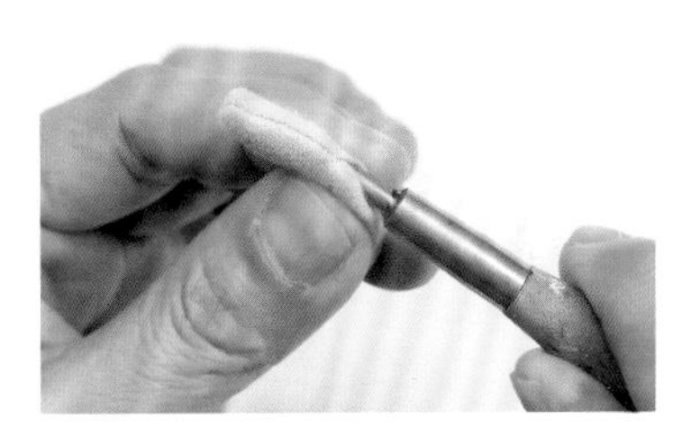

09 以鐵筆（粗）整型。

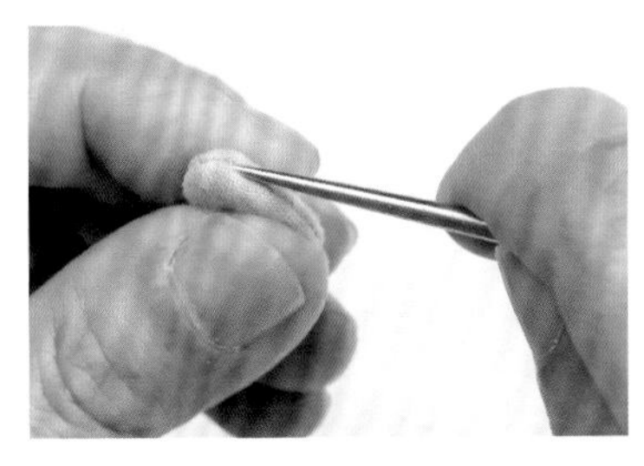

10 以鑷子再整型一次。

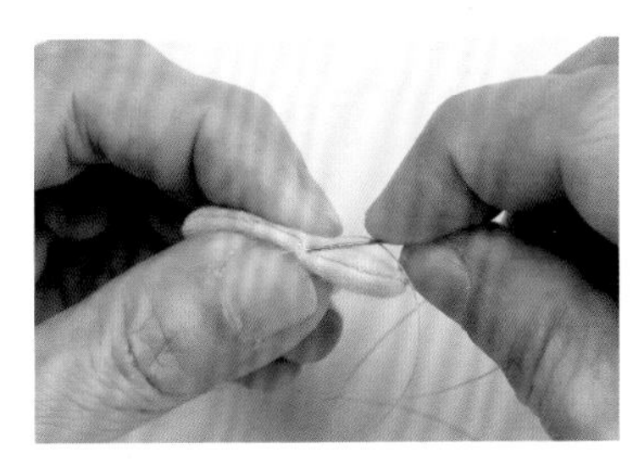

11 以藏針縫縫合返口。

12 各部位的完成圖。

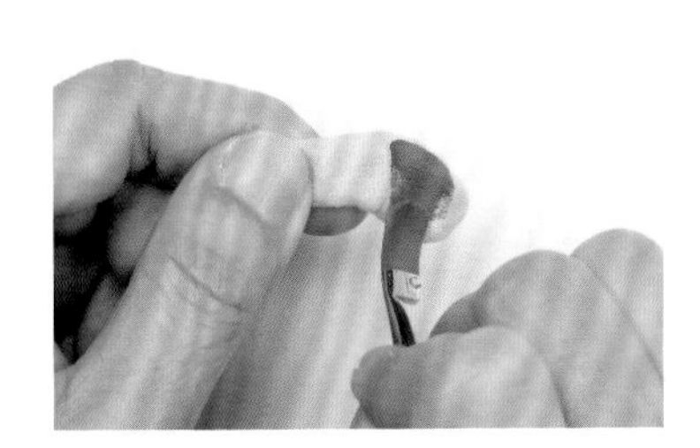

13 鞋子以咖啡色壓克力顏料上色。

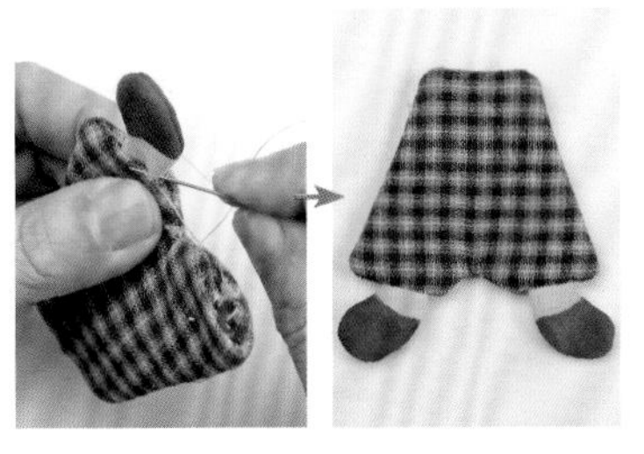

14 足部依位置以直針縫合。

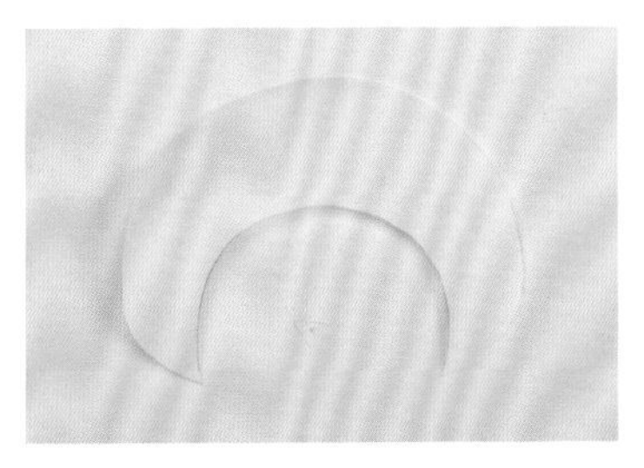

15 以貼布縫製作前片。剪下公雞身體與嘴巴的冷凍紙。

16 以熨斗將冷凍紙燙黏於表布背面。

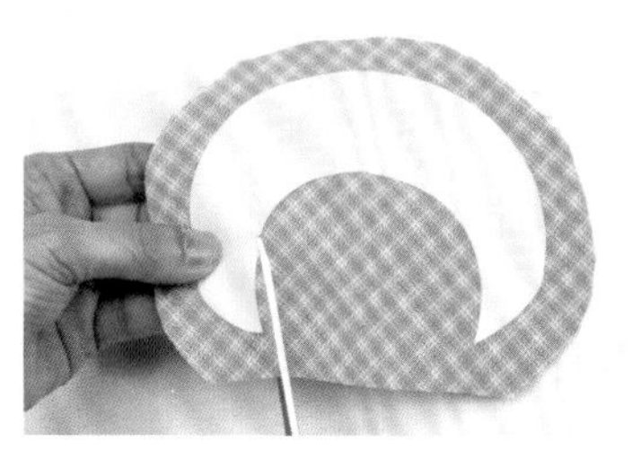

17 修剪需要貼布縫位置的表布（縫份約 0.3cm）。

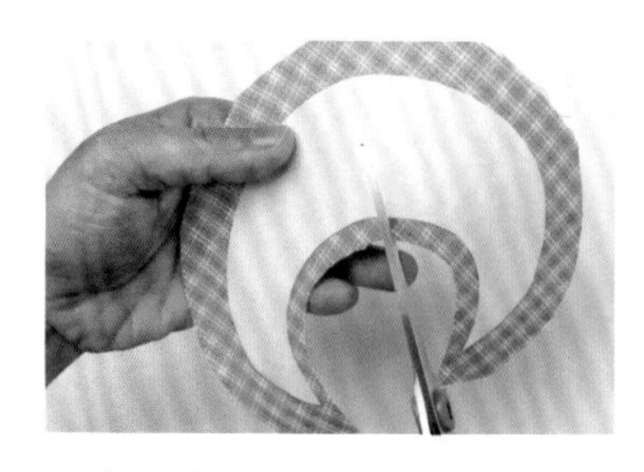

18 縫份處剪牙口。

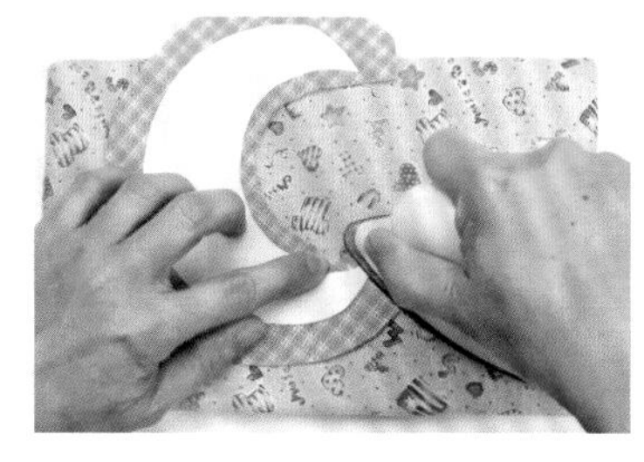

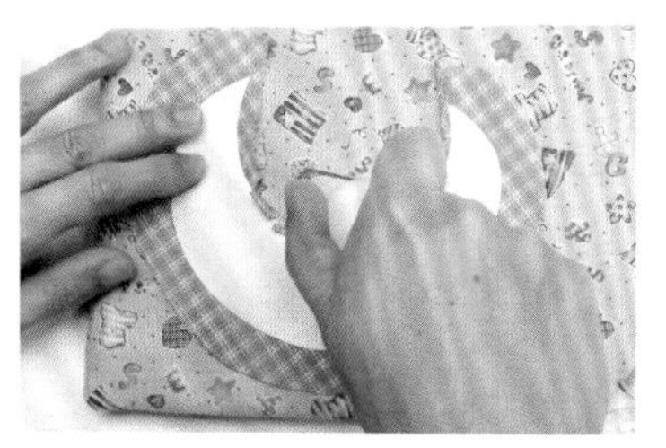

19 以熨斗整燙縫份處。

20 利用膠水調和液（膠水＋水大約 1：5）沿著縫份塗抹，再以熨斗整燙定型。

正面圖

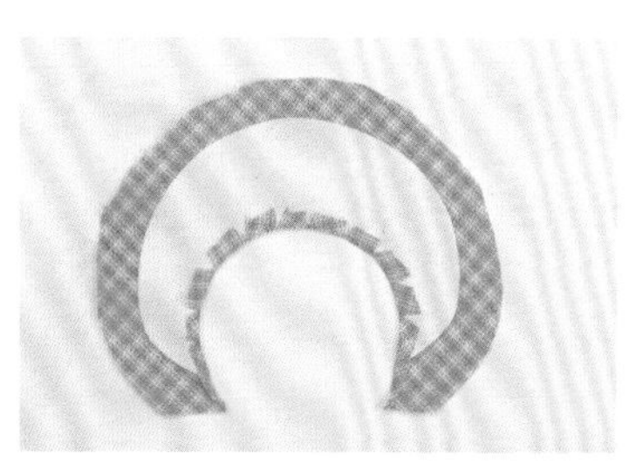

背面圖

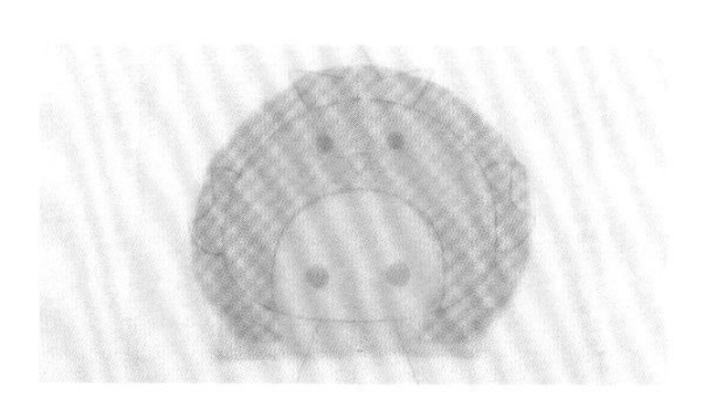

21 利用描圖紙紙型疊合，找出公雞身體與臉部貼布縫位置。

22 利用紙膠帶固定貼布縫位置。

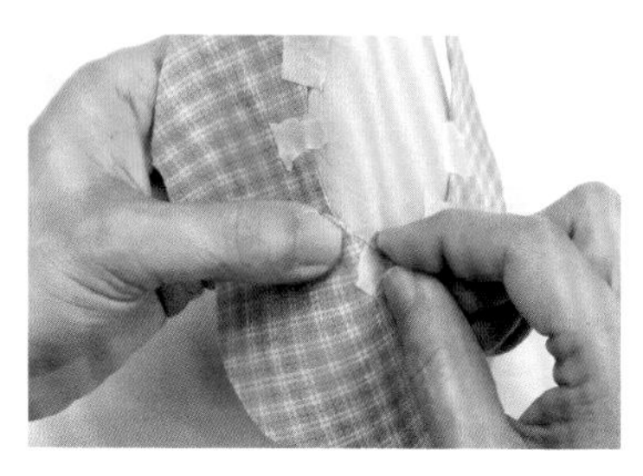

23 以藏針縫進行貼布縫。

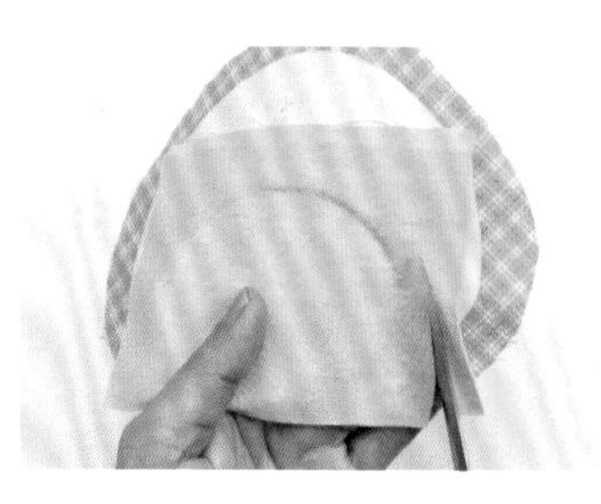

24 貼布縫完成之後，翻到背面修剪膚色表布。

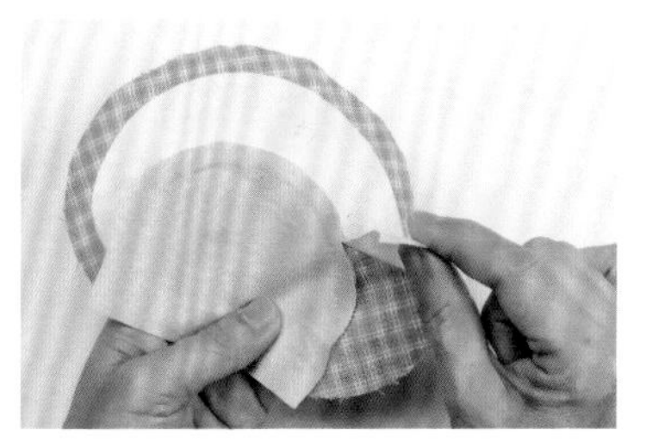

25 再撕下冷凍紙。

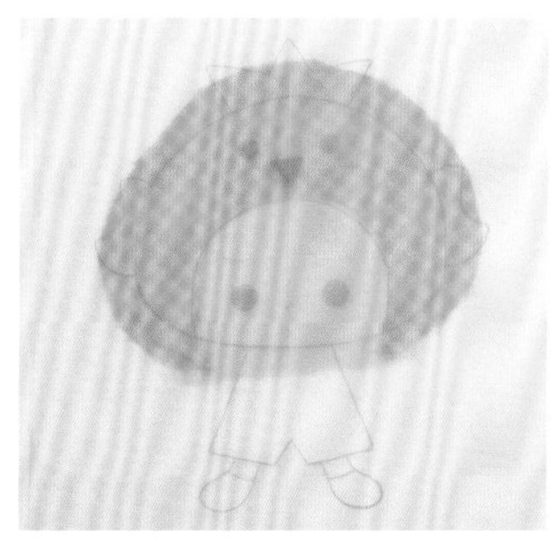

26 利用描圖紙紙型疊合，找出嘴巴貼布縫的位置。

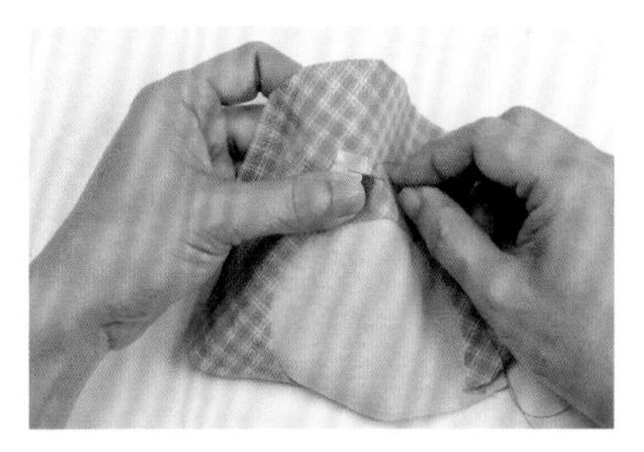

27 利用紙膠帶固定之後，以藏針縫進行貼布縫（貼布縫剩下一小段的時候，將描圖紙利用鑷子取出，再繼續完成貼布縫）。

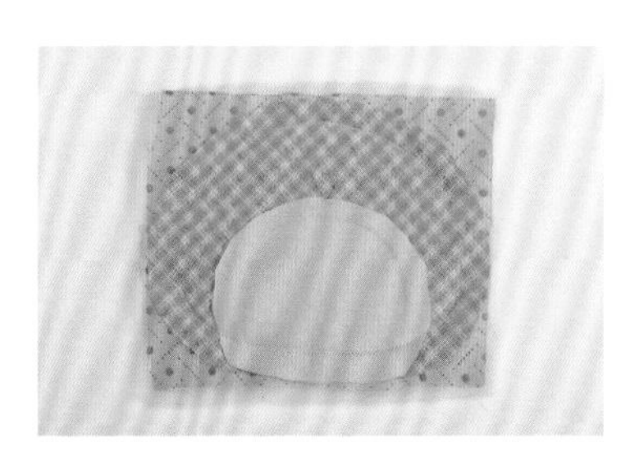

28 完成貼布縫之後，前片＋裡布（正面相對疊合）＋鋪棉車縫（以翅膀位置處當返口，翅膀接合處不車縫）。

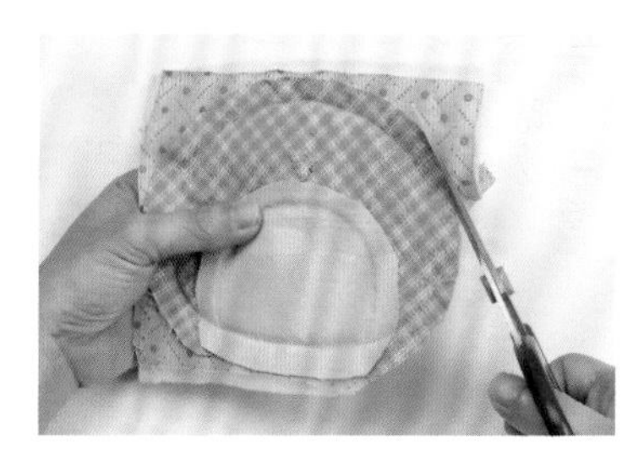

29 依紙型外加 0.7cm 縫份修剪。

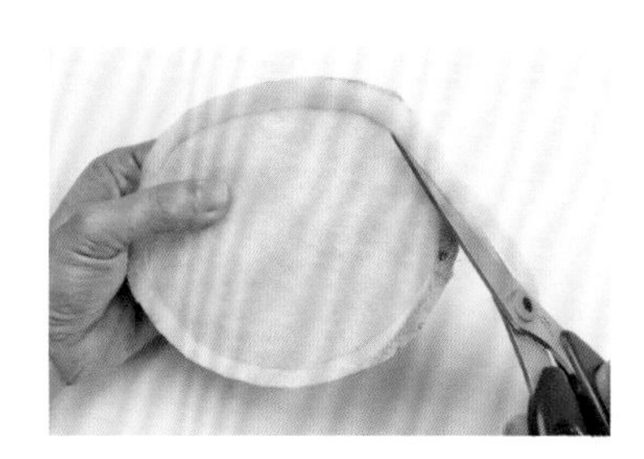

30 將鋪棉的縫份剪掉。

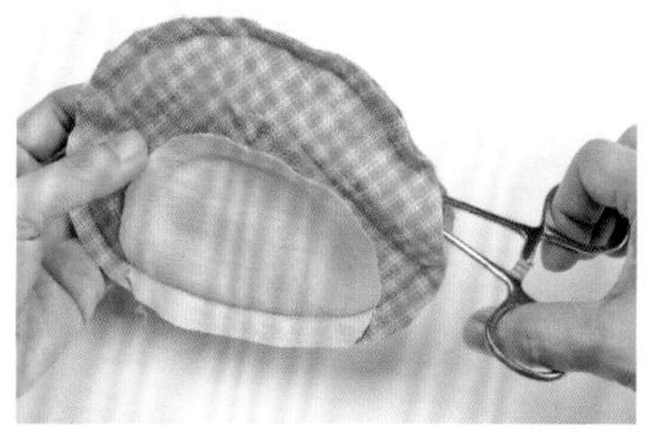

31 利用止血鉗輔助夾住裡面布片。

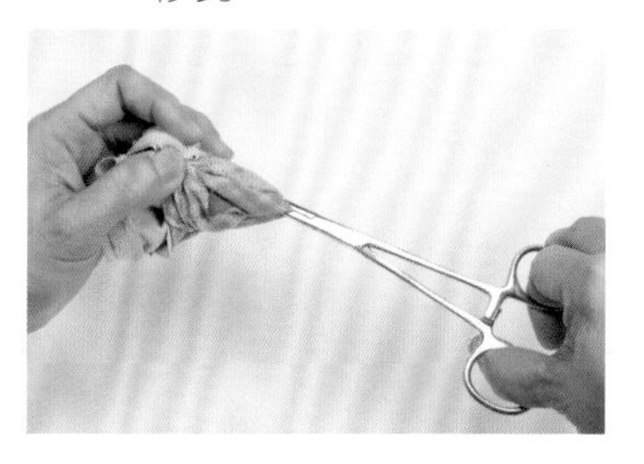

32 將袋身翻到正面。

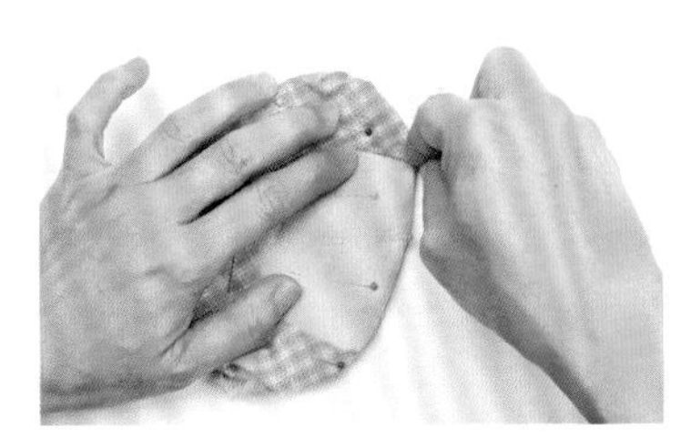

33 利用珠針稍作固定，進行落針壓線。

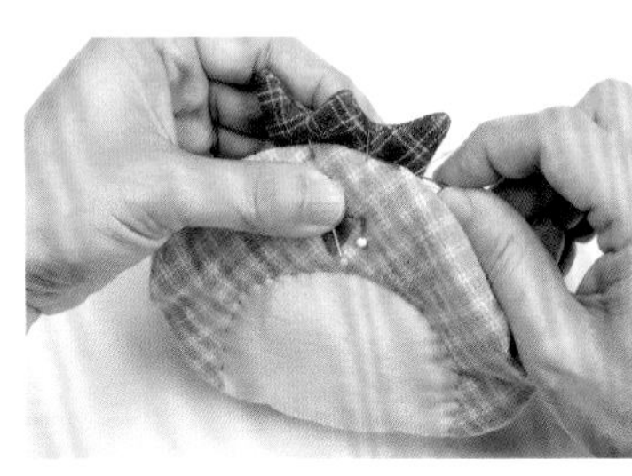

34 雞冠依位置進行直針縫合。

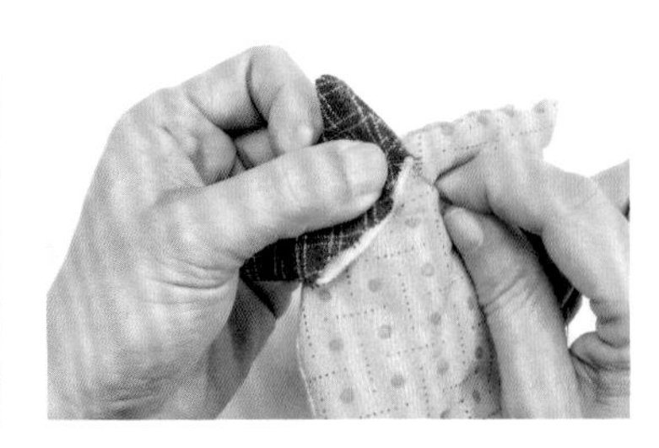

35 翻到背面，雞冠縫份處固定於袋身背面。

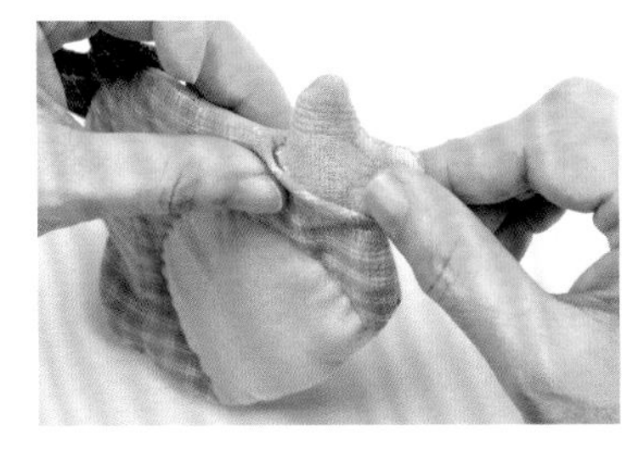

36 翅膀依位置夾入表布與裡布之間。

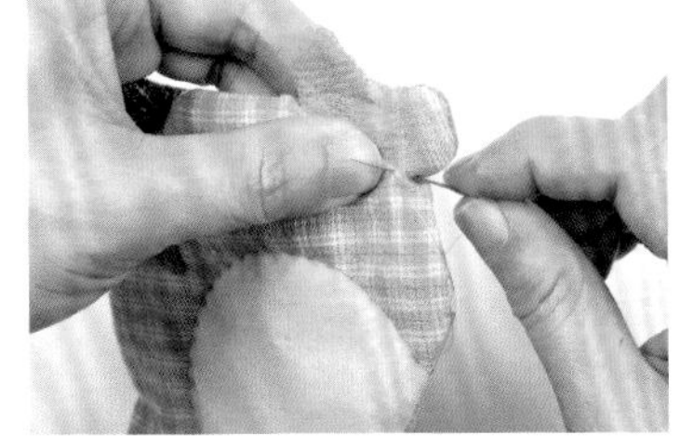

37 以直針縫縫合（兩邊翅膀作法相同）。

38 依紙型附錄標示裝飾各個部位。

39 頭部依位置與身體以直針縫縫合。

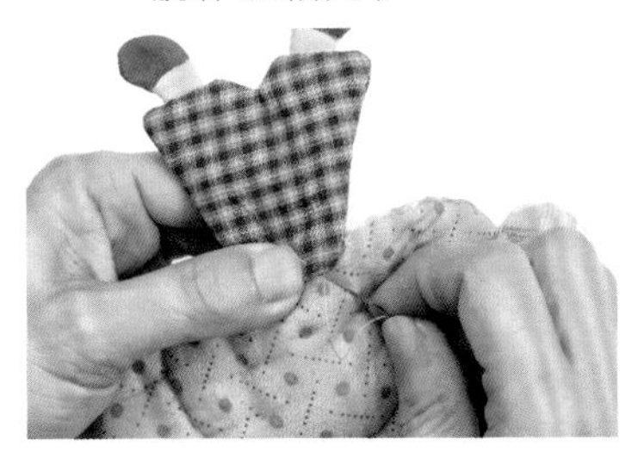

40 身體縫份處再固定在裡布上。

41 後片作法與前片作法步驟16至33相同(除了步驟27之外。步驟21膚色布改為咖啡色布，步驟28只留一個返口，以藏針縫縫合即可。)

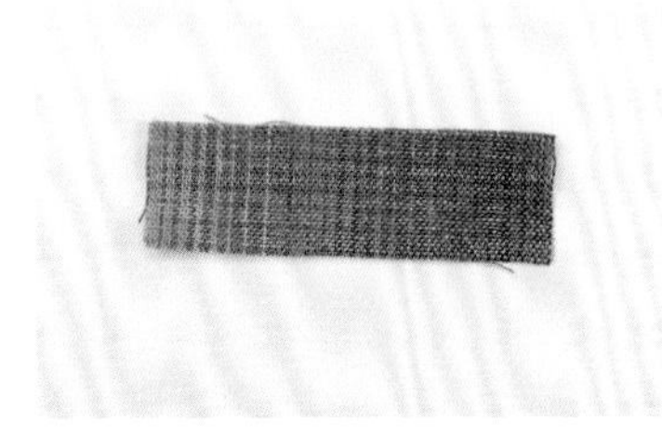

42 製作掛耳。裁切一片1.5×5cm的布片。

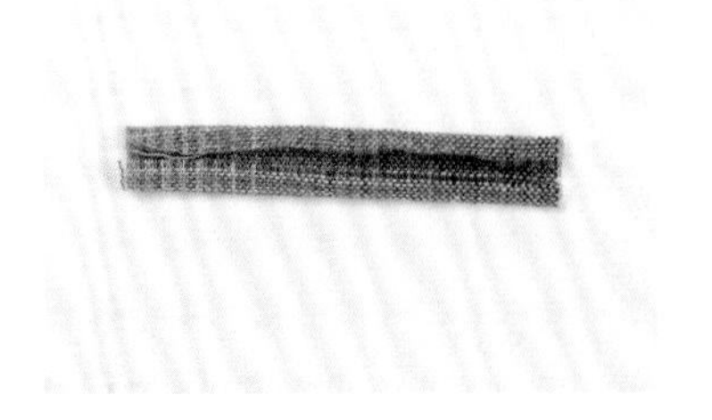

43 表布縫份往中心點內摺。

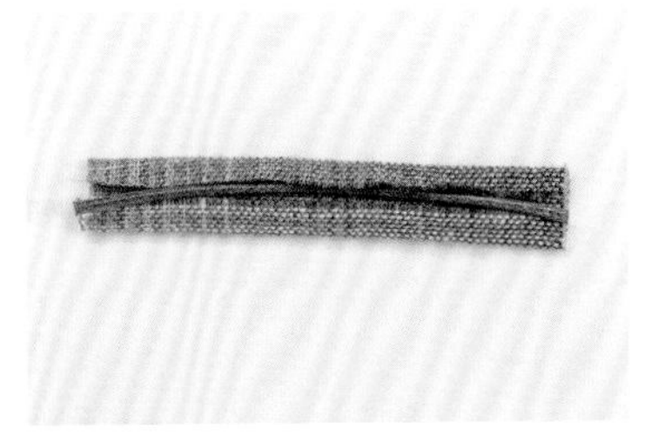

44 將5cm蠟繩（細）置於布片當中。

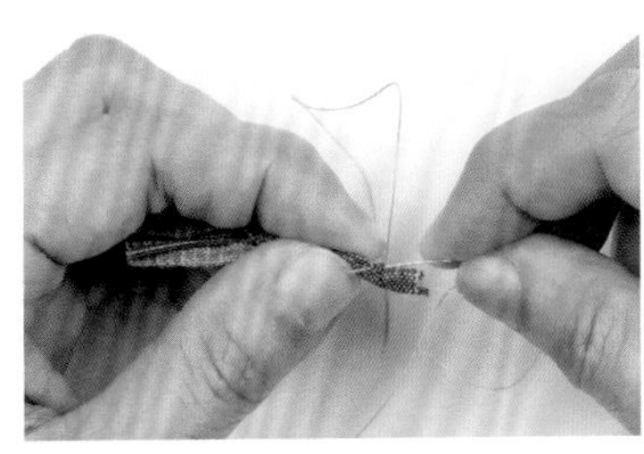

45 布片再對摺，以藏針縫縫合。

46 布條對摺縫份處縫合固定。

47 將掛耳縫合於後片背面中心點。

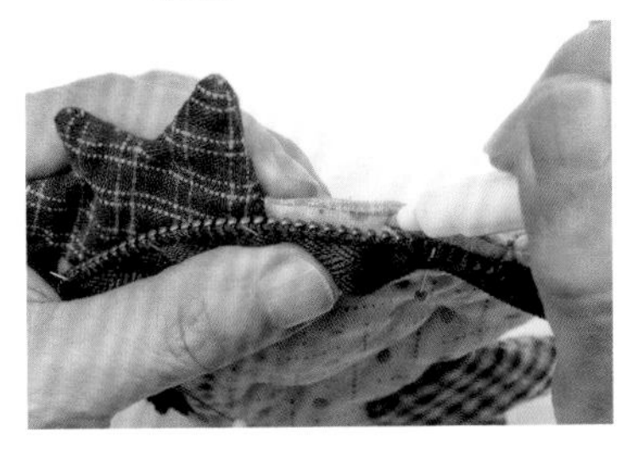

48 縫合拉鍊。前片袋身背面的口袋與拉鍊作記號合對。拉鍊可多作幾處合印記號。

49 以珠針固定之後，再進行半回針縫縫合。前片袋口與拉鍊縫合完成之後，再以半回針縫與後片縫合。

50 拉鍊縫份再以直針縫縫合。

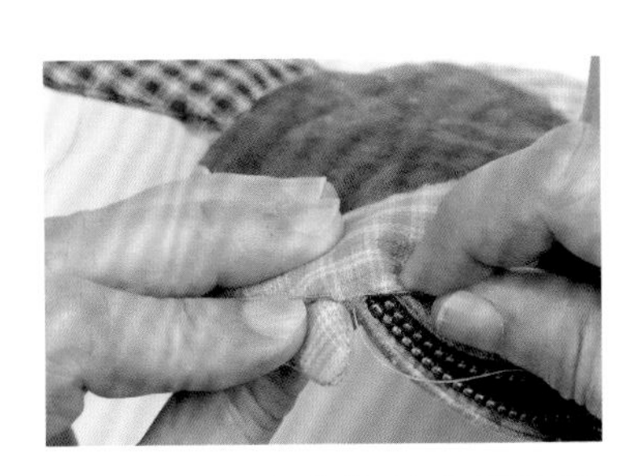

51 將袋身由拉鍊處翻至正面，前片袋身與後片袋身以直針縫縫合。

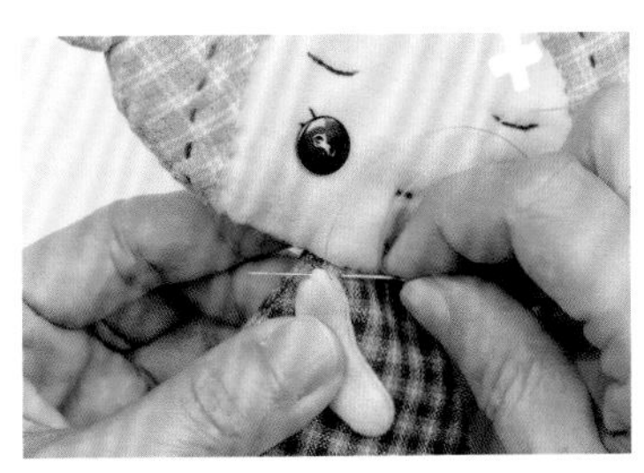

52 手部依位置縫合固定即完成。

CHAPTER 3 **廚娃小教室**

小蘋果收納包

◎紙型 A 面

材料

主色布 17×24cm
貼布片 適量
胚布
裡布
鋪棉約 21×28cm
包邊條 3.5×30cm 2 條
壓克力顏料：黑色、白色
繡線：
綠色、黃色、咖啡色、白色各適量
市售花朵 6 朵
拉鍊 12.5cm 1 條

01 描圖紙依紙型描繪。

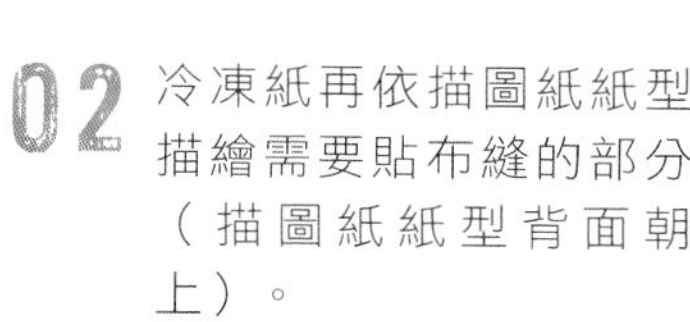

02 冷凍紙再依描圖紙紙型描繪需要貼布縫的部分（描圖紙紙型背面朝上）。

03 剪下冷凍紙紙型。

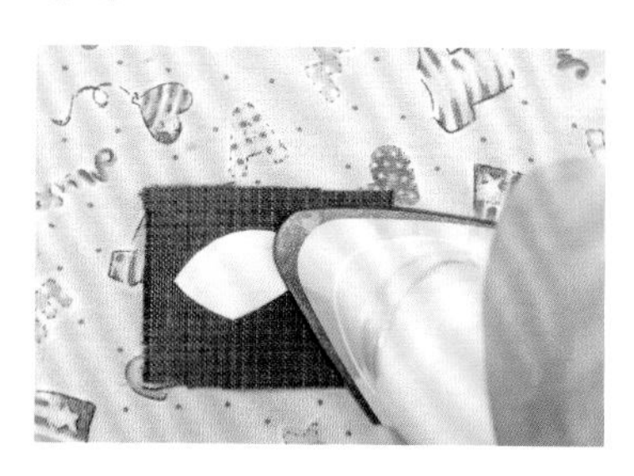

04 利用熨斗將冷凍紙燙黏在表布背面。

05 依冷凍紙外加縫份約 0.3cm 修剪（手與袖子屬於最底下的位置縫份要留 0.7cm）。

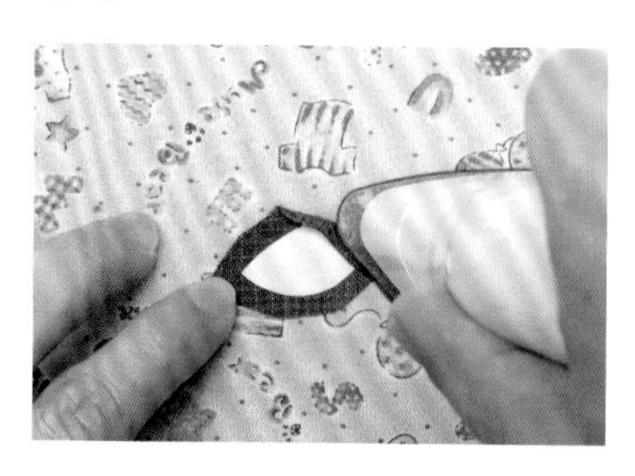

06 使用熨斗將縫份往內整燙。

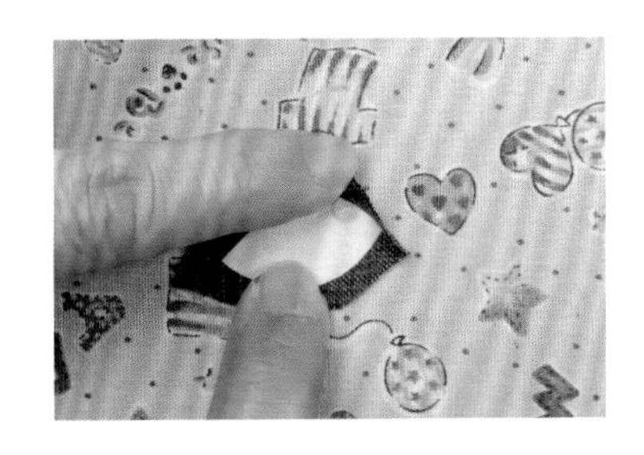

07 利用膠水調和液（膠水加水大約 1：15）沿著縫份塗抹，以熨斗再整燙定型。

08 葉子完成圖。

09 貼布整燙完成圖（正面）。

10 貼布整燙完成圖（背面）。

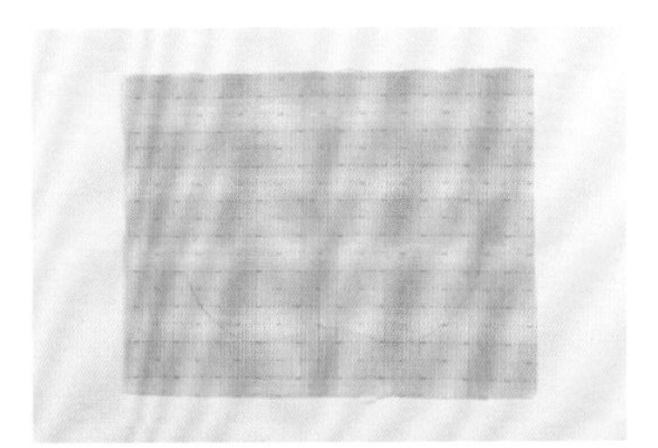

11 製作前片。在表布畫出袋型。

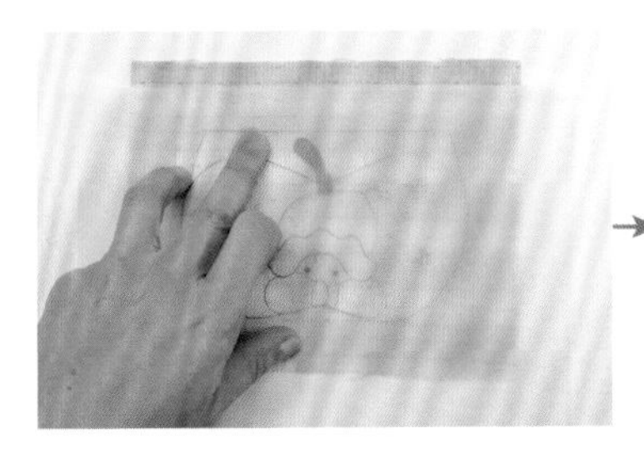

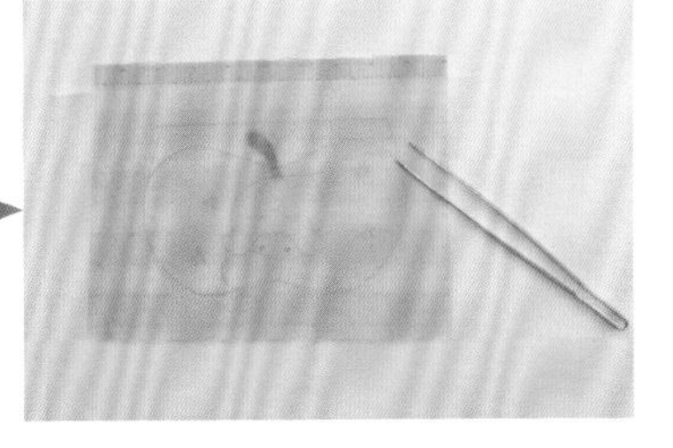

12 將描圖紙紙型疊放在表布上合對貼布縫位置（可利用鑷子輔助將貼布片放到適當位置）。

13 利用紙膠帶固定，進行貼布縫。

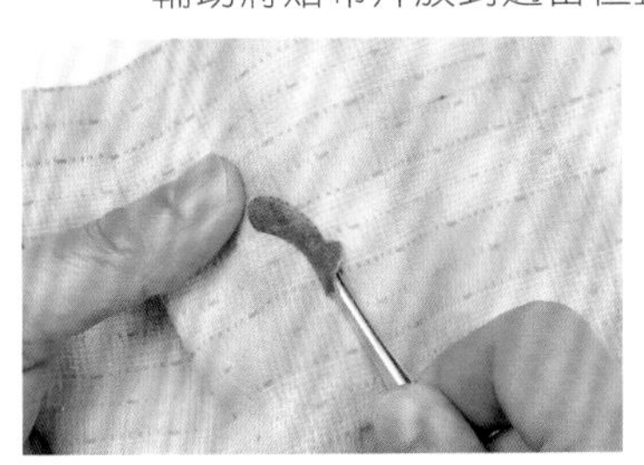

14 貼布縫剩一小段時，以鑷子將冷凍紙夾出。

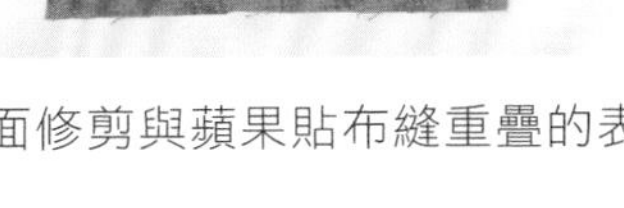

15 完成蘋果貼布縫後，翻到背面修剪與蘋果貼布縫重疊的表布。

16 將冷凍紙撕下。

17 再依貼布縫順序繼續進行貼布縫。

18 前片加鋪棉加胚布進行疏縫壓線。

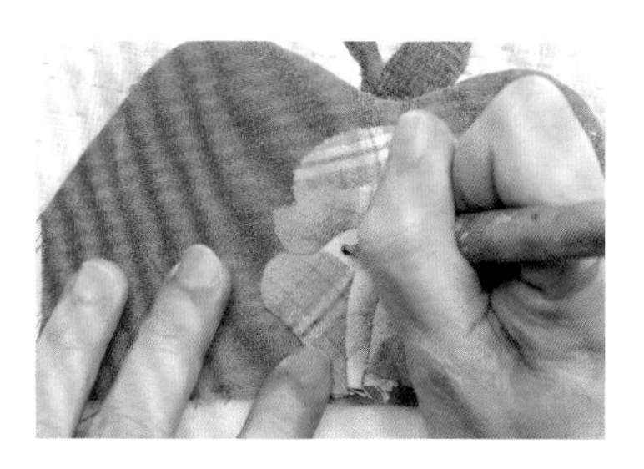

19 依紙型附錄標示裝飾各個部位。

20 依紙型外加0.7cm修剪(袋口位置縫份要留 2cm)。

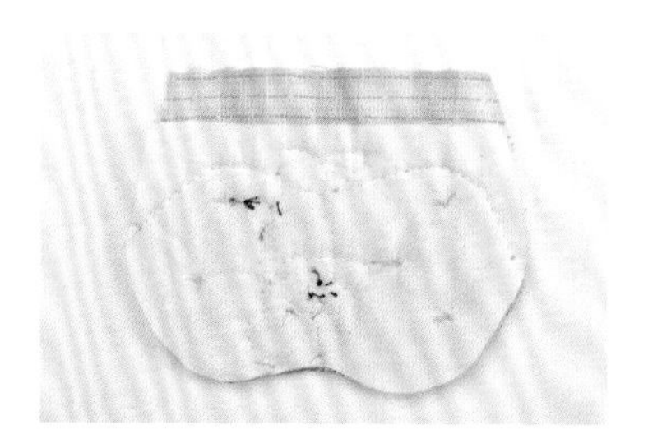

21 翻到背面，把袋口鋪棉與胚布的縫份剪掉。

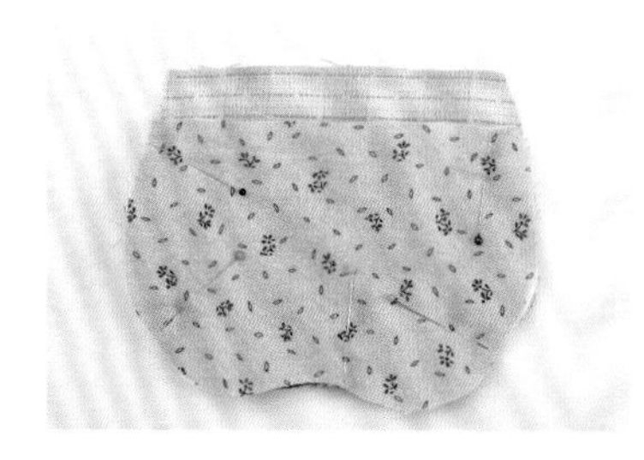

22 將裡布疊放上去疏縫固定。

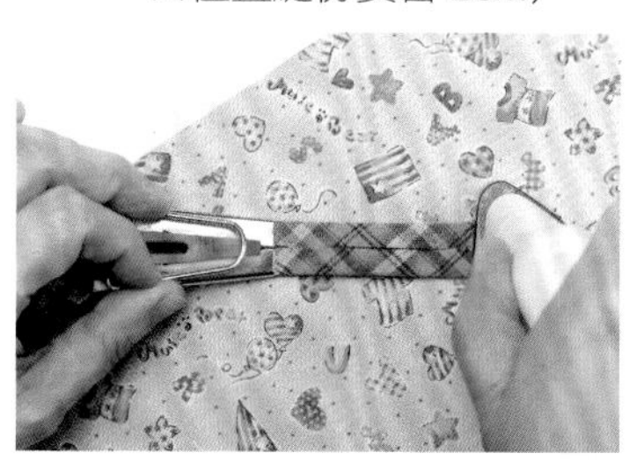

23 包邊布條利用滾邊器整燙。

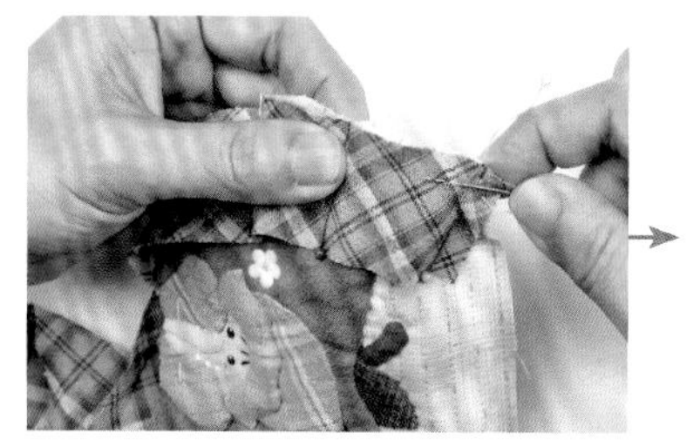

24 前片袋身與包邊布條縫合。

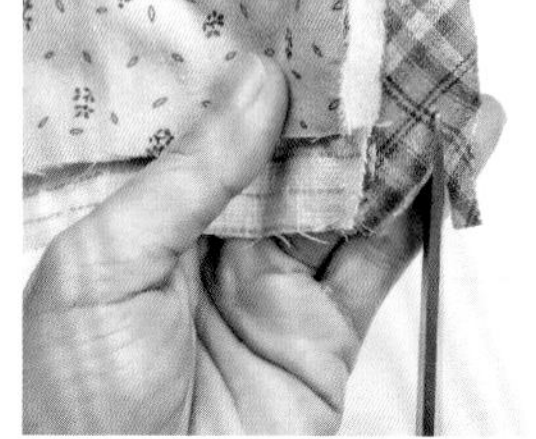

25 剪掉包邊布條縫份處前段 2cm 的位置。

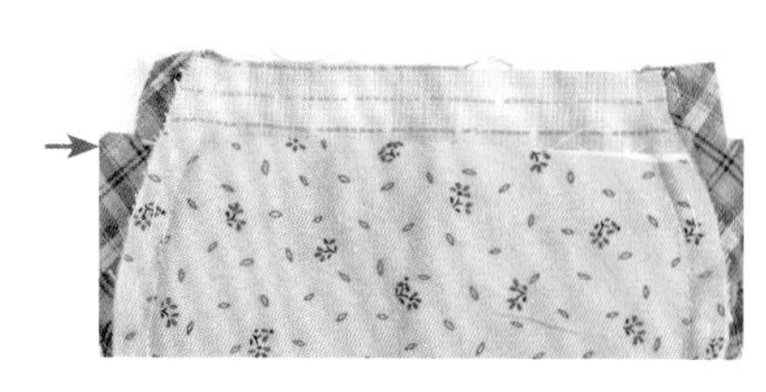

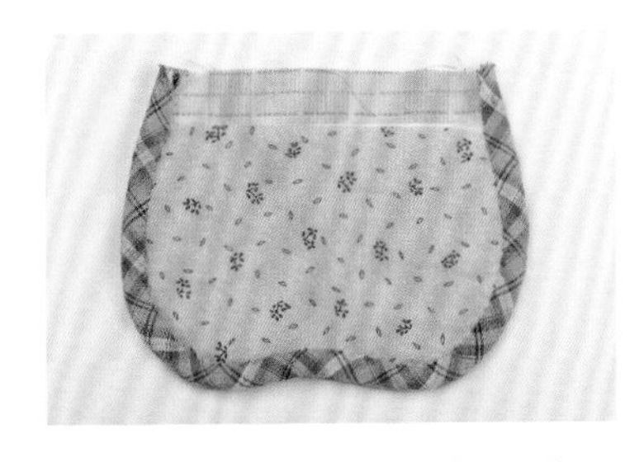

26 包邊布條往內摺 2 次，以藏針縫縫合。

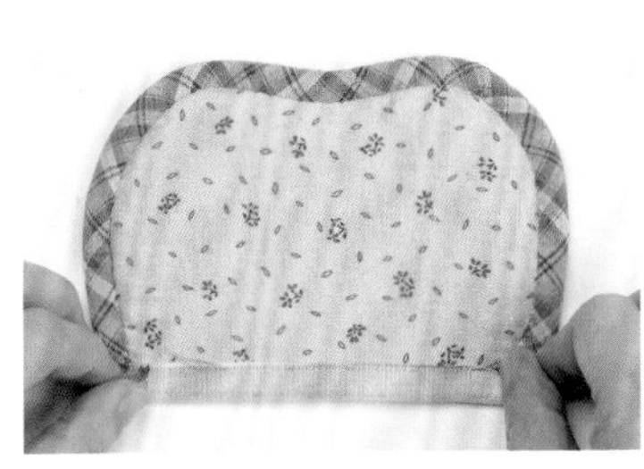

27 袋口縫份往裡布摺 2 次。

28 以藏針縫縫合。

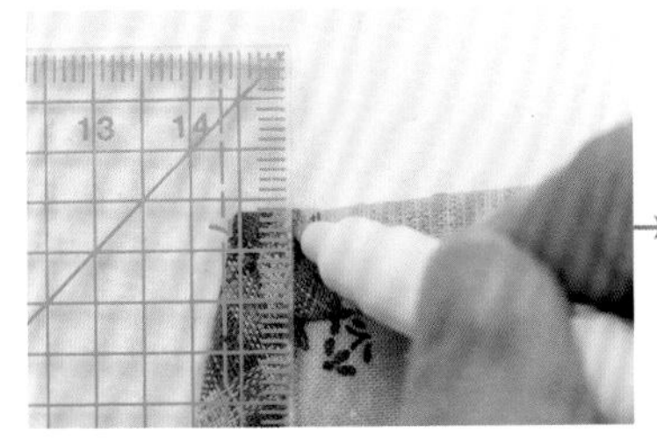

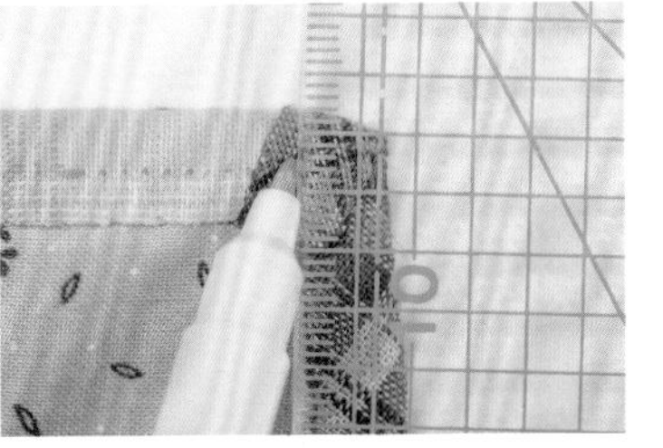

29 袋口拉鍊的位置以定規尺標出 0.7cm（左右兩端都要標示記號）。

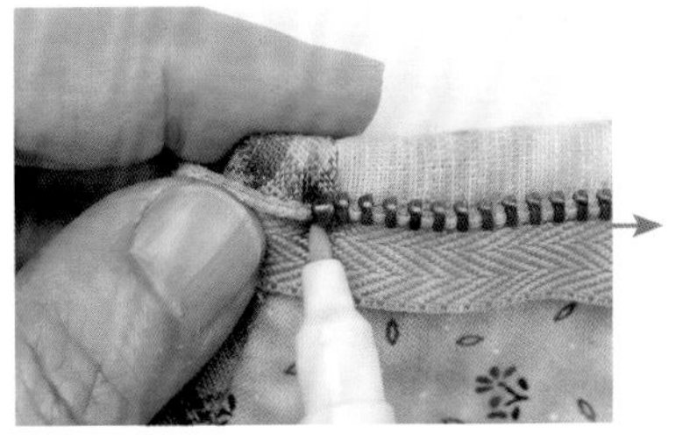

30 拉鍊的起點與止點與前片袋身的標示記號合對，

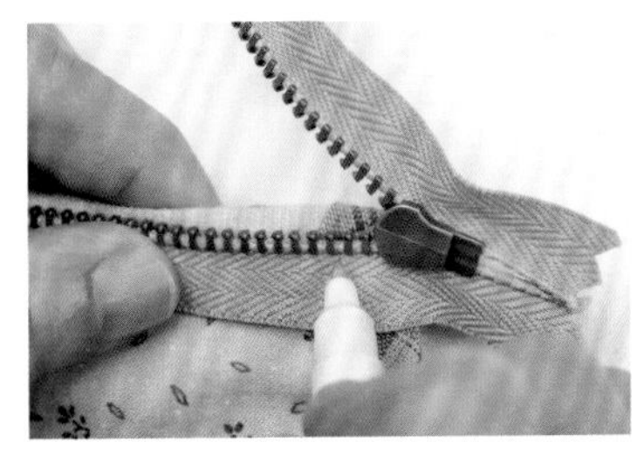

如圖作上記號。

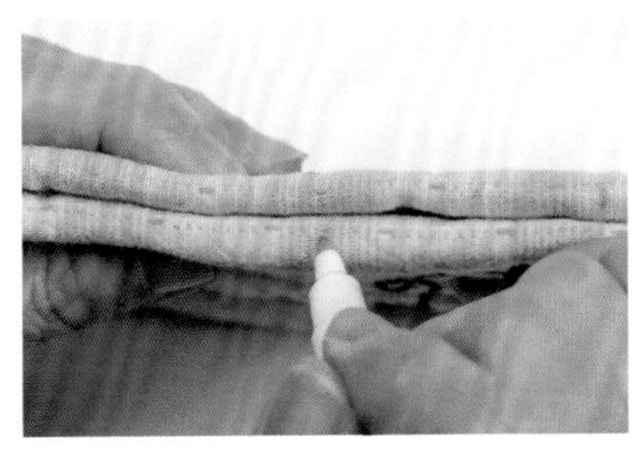

31 前、後片袋身可多作幾處記號（後片作法同前片）。

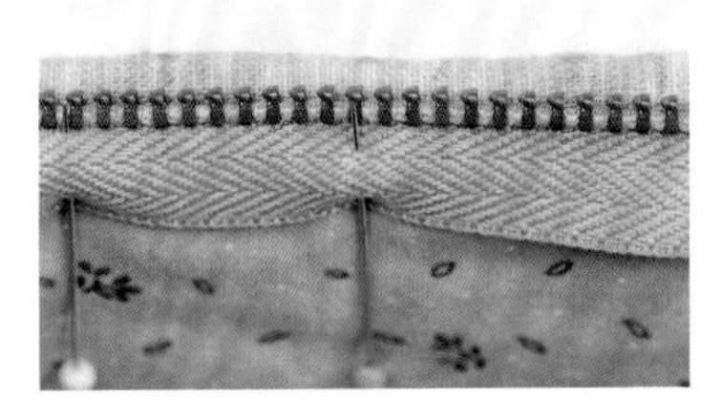

32 拉鍊記號與袋身記號對齊。

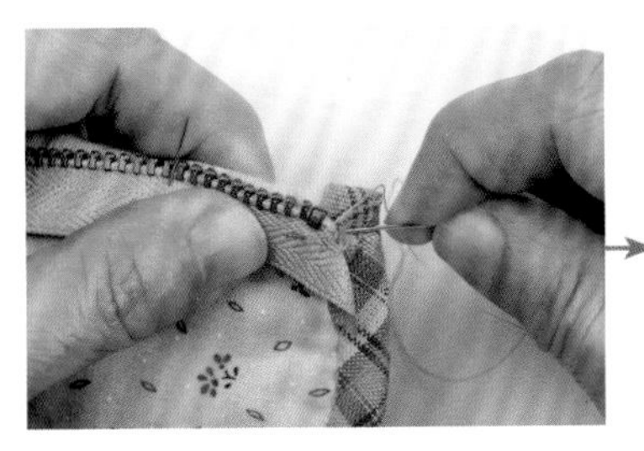

33 以半回針縫縫合拉鍊。（依記號縫合拉鍊的起點與止點）

34 拉鍊縫合完成之後，前、後片袋身再進行直針縫縫合即完成。

CHAPTER 4

HOW TO MAKE......

幸運廚娃零錢包

紙型A面

材料

表布
裡布
鋪棉……………19×32cm
鋪棉（薄）……7×15cm
貼布縫用布……適量
手足用布………9×16cm
蝴蝶結用布……17×18cm
蠟繩……………5cm（細）
掛耳用布………1.5×5cm
裝飾釦…………3個
黑色釦子（0.7cm）……2個
拉鍊15cm………1條
壓克力顏料：紅色、藍色
繡線：深咖啡色、黑色、紅色

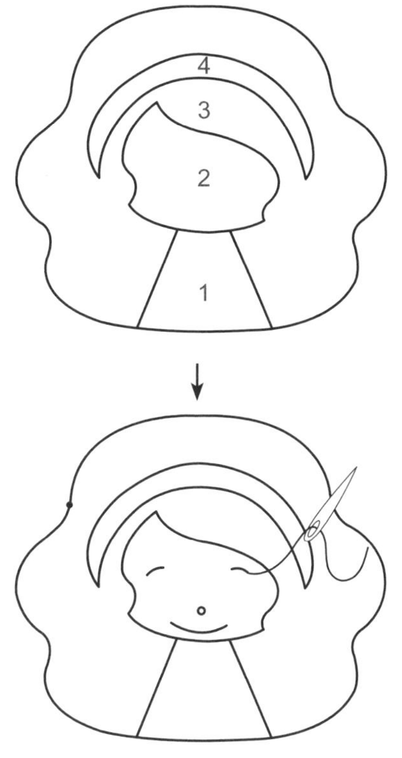

1 製作前片。

① 表布臉部的位置依紙型挖空（留0.3cm的縫份）。
② 依編號順序進行貼布縫。

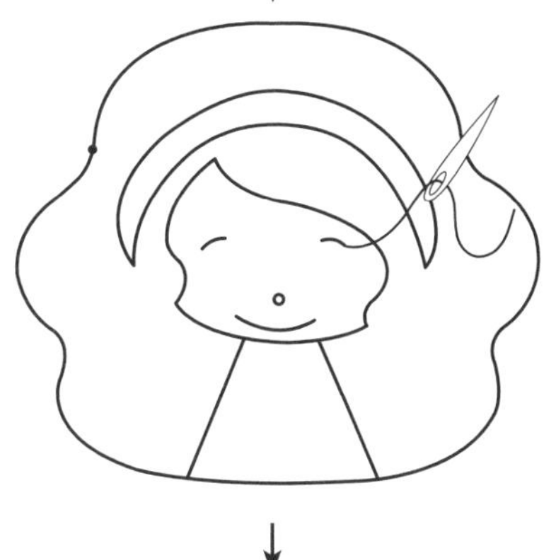

③ 繡上眉毛、嘴巴，畫上鼻子。

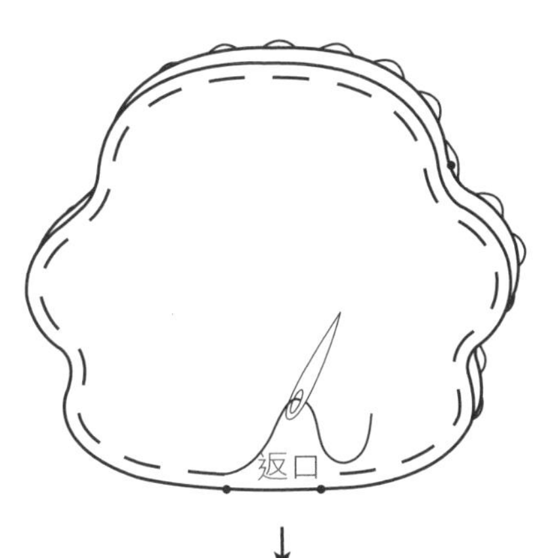

④ 前片＋裡布（正面相對）＋鋪棉疊合車縫一圈（留返口）。

⑤ 剪掉鋪棉的縫份，袋身的縫份剪牙口。

⑥ 由返口處翻至正面，再以藏針縫縫合返口處。
⑦ 貼布縫的疊合處進行落針壓線，頭髮繡線壓線。（可以珠針稍作固定）
⑧ 臉部縫上眼睛，衣服縫上裝飾釦。

⑨ 依標示位置固定足部。

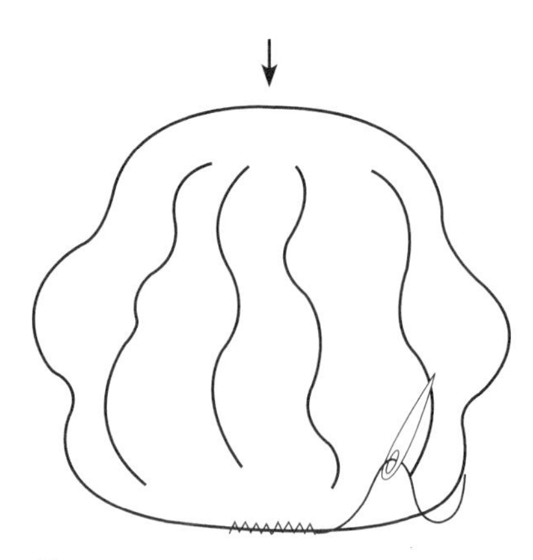

2 製作後片。

① 作法依1.④至⑥步驟，並以繡線進行壓線。

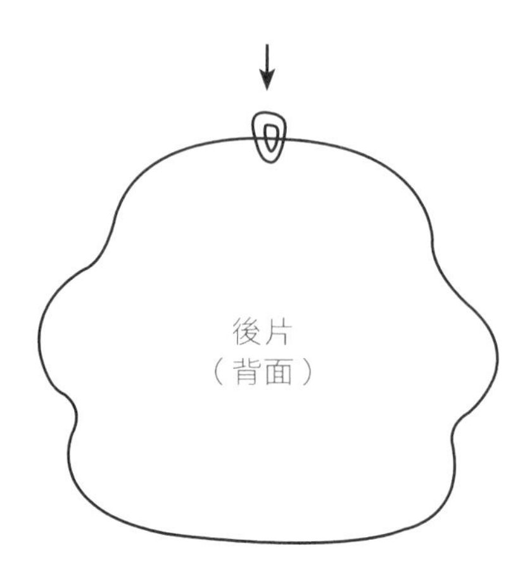

② 後片背面中心點固定掛耳。

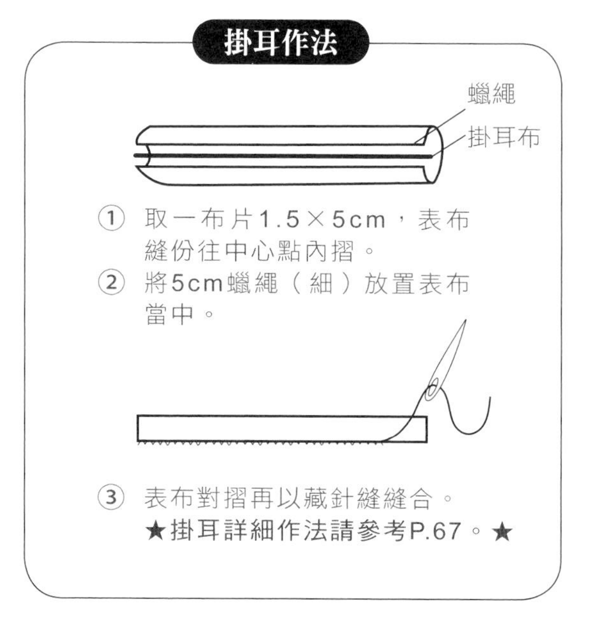

掛耳作法

① 取一布片1.5×5cm，表布縫份往中心點內摺。
② 將5cm蠟繩（細）放置表布當中。
③ 表布對摺再以藏針縫縫合。
★掛耳詳細作法請參考P.67。★

3 縫合拉鍊（15cm）。
前片袋身袋口處與拉鍊縫合完成，拉鍊再與後片袋身縫合。

4 前片袋身加後片袋身依紙型標示位置，以直針縫縫合。

5 頭部縫上蝴蝶結。
★蝴蝶結詳細作法請參考P.57至P.59。★

6 將兩隻手縫在適當的位置。

足部作法

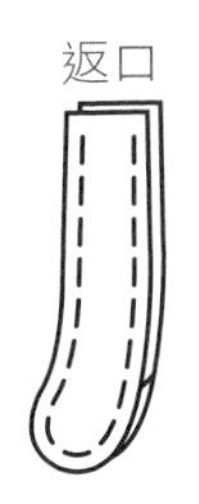

① 表布前片＋後片正面相對疊合車縫（留返口）。

② 由返口翻至正面，塞入棉花。

③ 返口處縫份往內摺，然後再以藏針縫縫合。

④ 以壓克力顏料依鞋子位置上色。

手部作法

① 表布前片＋後片正面相對疊合，車縫一圈（留返口）。

② 由返口處塞入棉花。返口以藏針縫縫合。

How to make

P.15

P.14

貓咪零錢包

紙型A面

材料（貓咪）

表布

裡布

鋪棉	約14×17cm
鋪棉（薄）	5×13cm
耳朵用布	8×10cm
貼布縫用布	適量
蝴蝶結用布	12×12cm
包邊條	3.5×40cm
繡線：深咖啡色	適量
黑色釦子（0.7cm）	2個
拉鍊10cm	1條

粘粘兔零錢包

紙型A面

材料（粘粘兔）

表布

裡布

鋪棉	約14×17cm
鋪棉（薄）	15×15cm
鼻子用布	3×3cm
兔耳用布	13×10cm
蝴蝶結用布	12×12cm
包邊條	3.5×40cm

繡線：

深咖啡色、紅色適量

黑色釦子（0.7cm）	2個
拉鍊10cm	1條

1 製作袋身。

① 以貼布縫完成表布圖案。

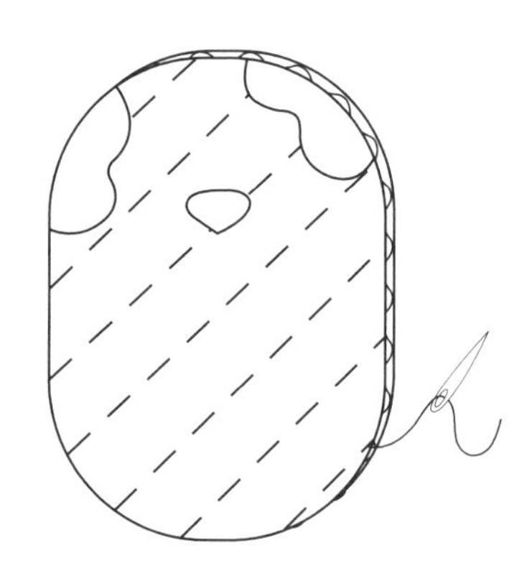

② 表布＋鋪棉＋裡布疊合後疏縫壓線。
（因為直接使用裡布壓線，所以線頭要拉入鋪棉與表布（背面）之間）

③ 依紙型標示裝飾各部位。
④ 袋身使用包邊條縫合一圈，以藏針縫縫合。

⑤ 袋身依位置以藏針縫縫合耳朵。

⑥ 以中心點對摺分成前、後袋身，再以半回針縫縫合拉鍊（10cm）。以拉鍊遮住耳朵縫份。

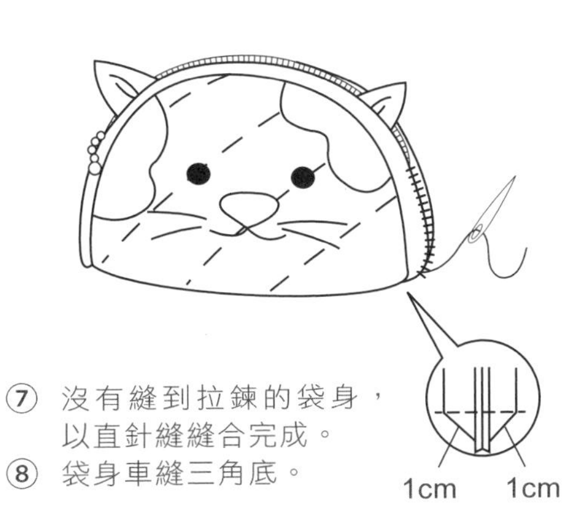

⑦ 沒有縫到拉鍊的袋身，以直針縫縫合完成。

⑧ 袋身車縫三角底。

⑨ 翻至正面固定蝴蝶結。
★蝴蝶結詳細作法請參考P.57至P.59。

耳朵作法（貓咪）

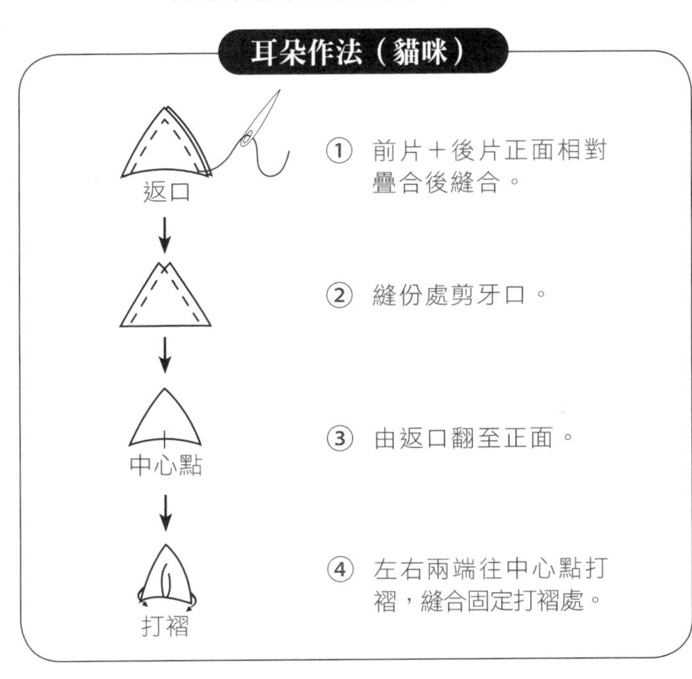

① 前片＋後片正面相對疊合後縫合。

② 縫份處剪牙口。

③ 由返口翻至正面。

④ 左右兩端往中心點打褶，縫合固定打褶處。

※兔子作法與貓咪相同。

耳朵作法（兔子）

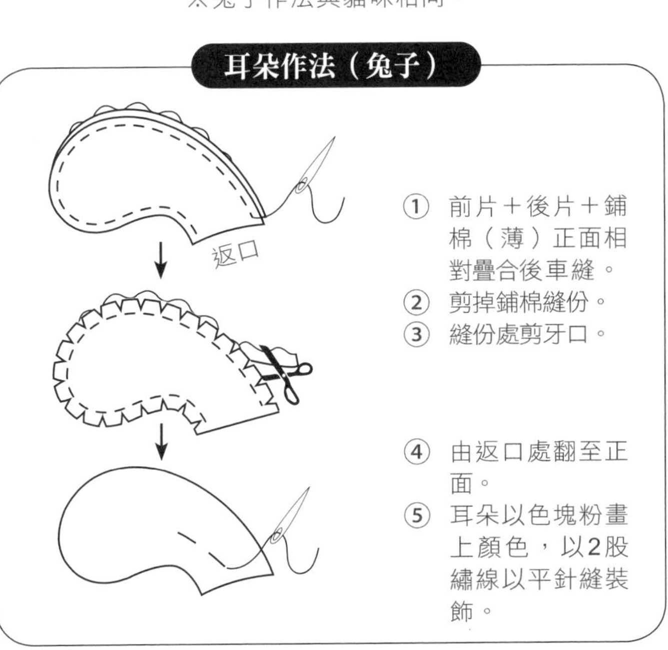

① 前片＋後片＋鋪棉（薄）正面相對疊合後車縫。

② 剪掉鋪棉縫份。

③ 縫份處剪牙口。

④ 由返口處翻至正面。

⑤ 耳朵以色塊粉畫上顏色，以2股繡線以平針縫裝飾。

烏嚕嚕筆袋

紙型A面

材料

拼接用布……… 適量
貼布縫用布…… 適量
蝴蝶結用布…… 17×18cm
鋪棉（薄）…… 7×15cm
胚布
裡布
鋪棉…………… 約34×28cm
繡線（深咖啡色）……… 適量
黑色釦子（1cm）……… 2個
裝飾釦………… 1個
拉鍊12.5cm…… 1條

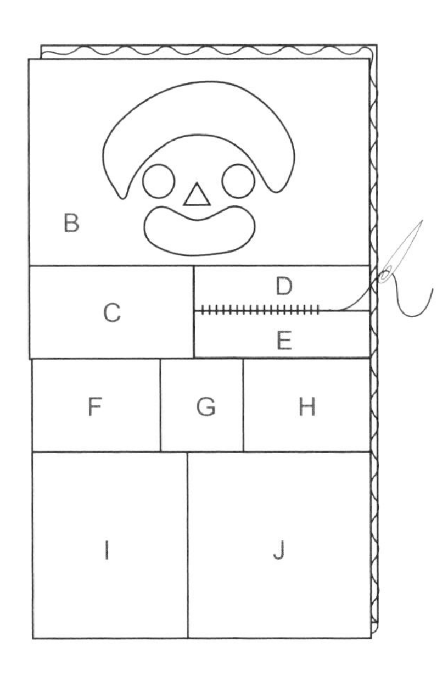

1 製作前片。

① B表布與J表布完成貼布縫圖案。
② 接合各布片。

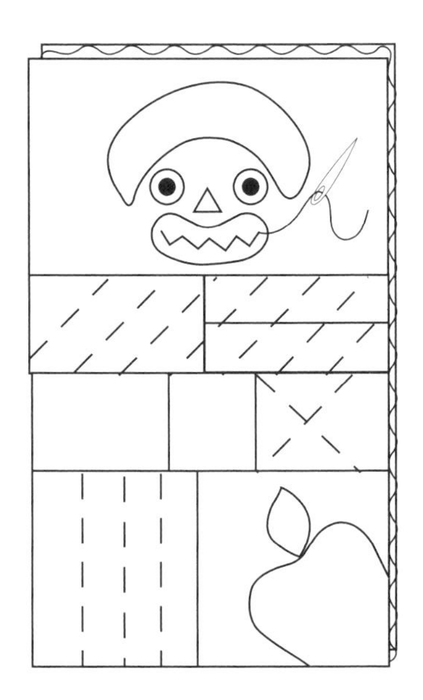

③ 表布＋鋪棉＋胚布疊合後進行疏縫壓線。（貼布圖案進行落針壓線）
④ 臉部縫上眼睛，嘴唇以回針縫刺繡，蘋果葉子縫上裝飾釦。

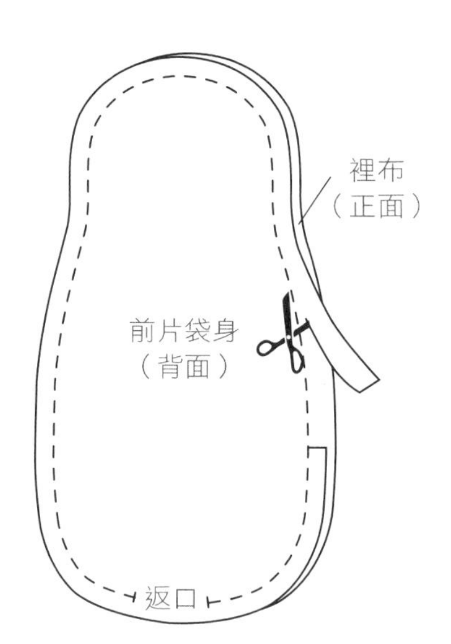

⑤ 前片袋身＋裡布正面相對疊合後車縫一圈（留返口）。
⑥ 前片袋身修剪胚布與鋪棉的縫份。

返口
以藏針縫縫合

⑦ 前片袋身由返口處翻至正面，返口處以藏針縫縫合。

3 前、後片袋身依位置縫上拉鍊（12.5cm）。

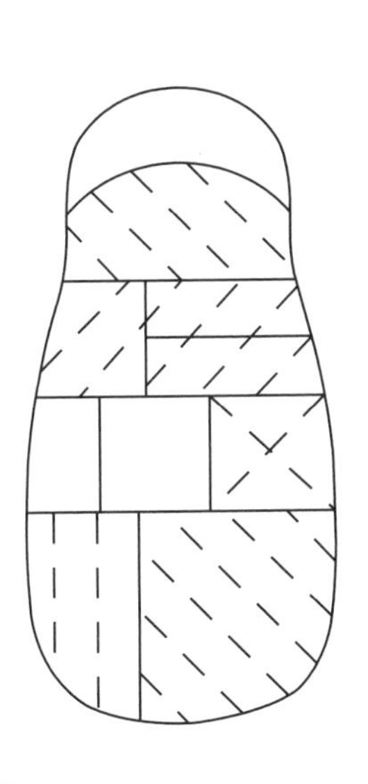

2 後片作法與前片相同（除了步驟④之外）。

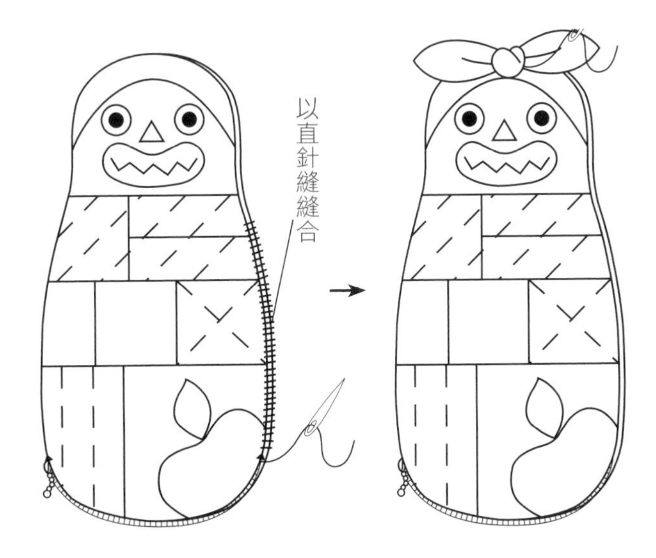

4 沒有縫到拉鍊的前、後片袋身，以直針縫縫合。前片袋身頭部縫上蝴蝶結即完成。
★蝴蝶結詳細作法請參考P.57至P.59。

How to make

花嫁廚娃提袋

紙型B面

材料

主色布 ………… 27×56cm
側身用布……… 12×68cm
貼布縫用布…… 適量
yoyo布片 ……… 適量
胚布
裡布
鋪棉
厚襯 …………… 約1尺
包邊條 ………… 3.5×60cm
壓克力顏料：紅色
繡線：
黑色、深咖啡色、綠色‥各適量
皮革提把……… 1對
鉚釘 …………… 4組
裝飾釦 ………… 2個

1 製作前片。

① 前片表布依編號順序完成貼布縫圖案。
② 依紙型標示裝飾各部位。

③ 前片表布＋鋪棉＋胚布疊合後疏縫壓線（貼布圖案進行落針壓線）。
④ 縫上yoyo（紙型與Yoyo鑰匙包相同）。
△yoyo粗略排放，取疏縫線以Yoyo的中心圓洞穿過稍作固定，再調整至所需的位置上。
★yoyo詳細作法請參考P.61

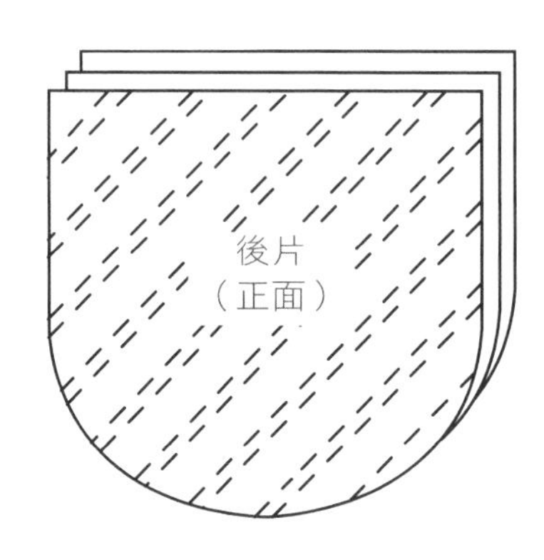

2 製作後片。
後片作法與1.的步驟③相同。

3 組合

① 前片袋身＋側身正面相對疊合後車縫。

② 後片袋身再與側身正面相對疊合後車縫。
③ 表袋翻至正面再套入裡袋。
④ 袋口包邊車縫一圈，再以藏針縫縫合。

裡袋作法

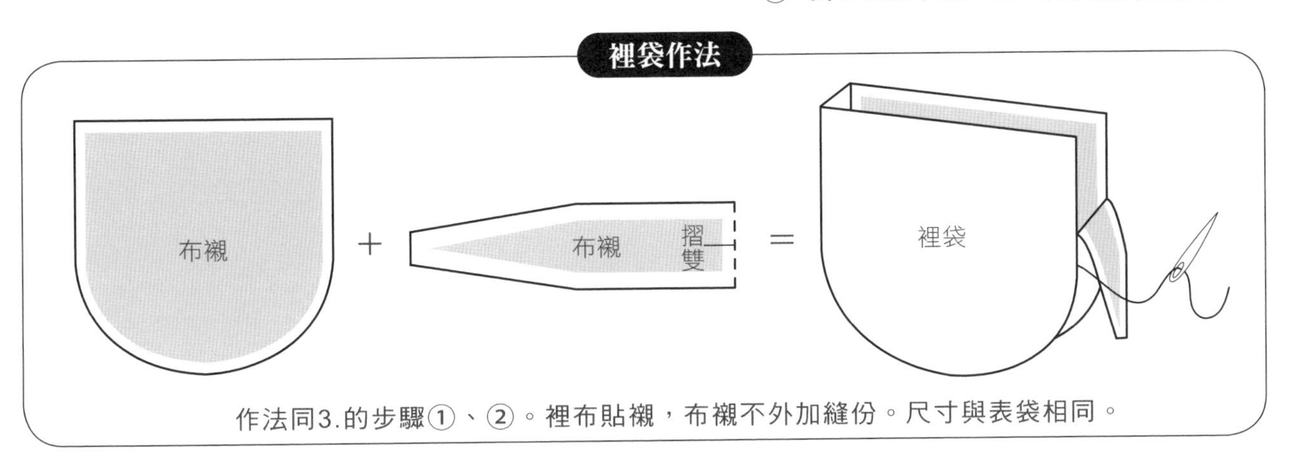

作法同3.的步驟①、②。裡布貼襯，布襯不外加縫份。尺寸與表袋相同。

提把作法

4 依紙型標示位置釘上皮製提把。

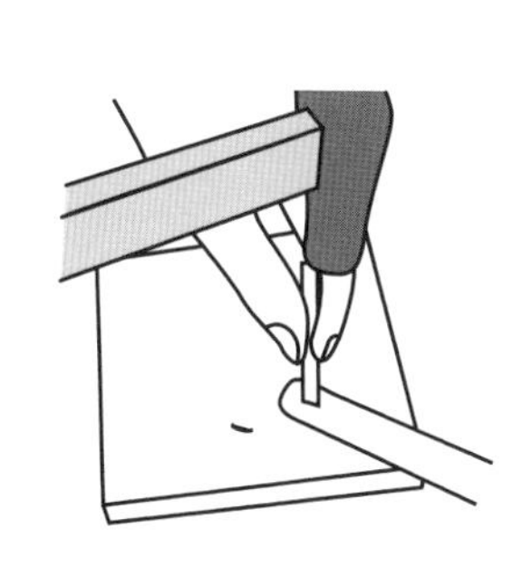

① 利用打洞工具，依所需的位置將提把敲出一個洞。

② 提把疊放在袋身，再依提把的洞口以工具將袋身敲出一個洞。

③ 以工具將袋身釘入鉚釘固定提把即完成。

收穫廚娃大提袋

紙型B面

材料

主色布……86×49cm
底布用布……26×49cm
Yoyo布片……適量
貼布縫用布……適量
胚布
裡布
鋪棉
厚襯……約2尺
包邊條……3.5×95cm
繡線：綠色、黑色……各適量
黑色釦子（1cm）……1個
皮革提把……1對

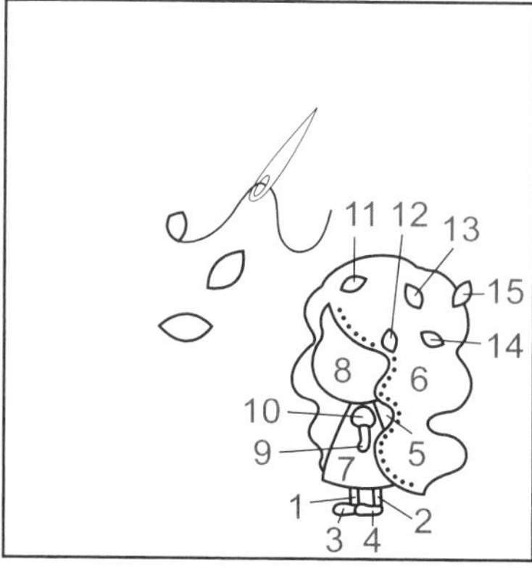
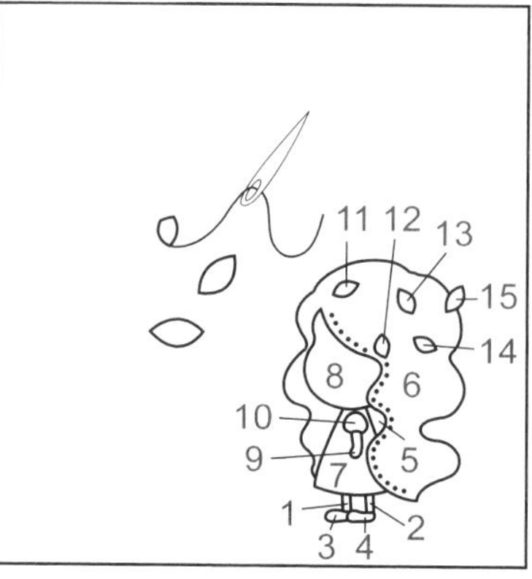

1 前片表布依編號順序完成貼布縫圖案。
△編號6的記號處先不作貼布縫，待貼完編號8再繼續完成貼布縫。

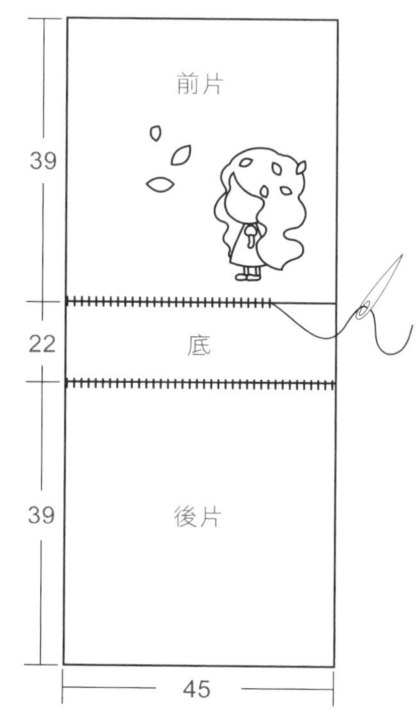

2 將前片表布＋底布＋後片表布接合成一片。

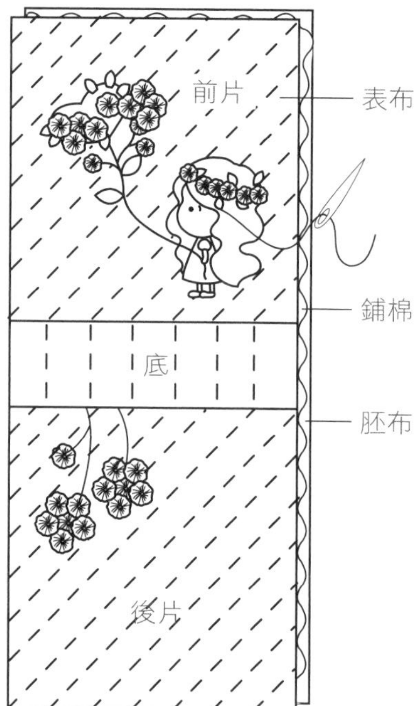

3 表布＋鋪棉＋胚布疊合，疏縫壓線。
貼布縫圖案進行落針壓線。

4 繡上眉毛、莖梗，縫上眼睛，依所需位置縫上葉子、yoyo花。
△yoyo花先粗略擺放，使用疏縫線穿過yoyo中心點的圓洞稍作固定，再將yoyo花調整在適當的位置。
△yoyo花、葉子紙型與yoyo花鑰匙包相同。

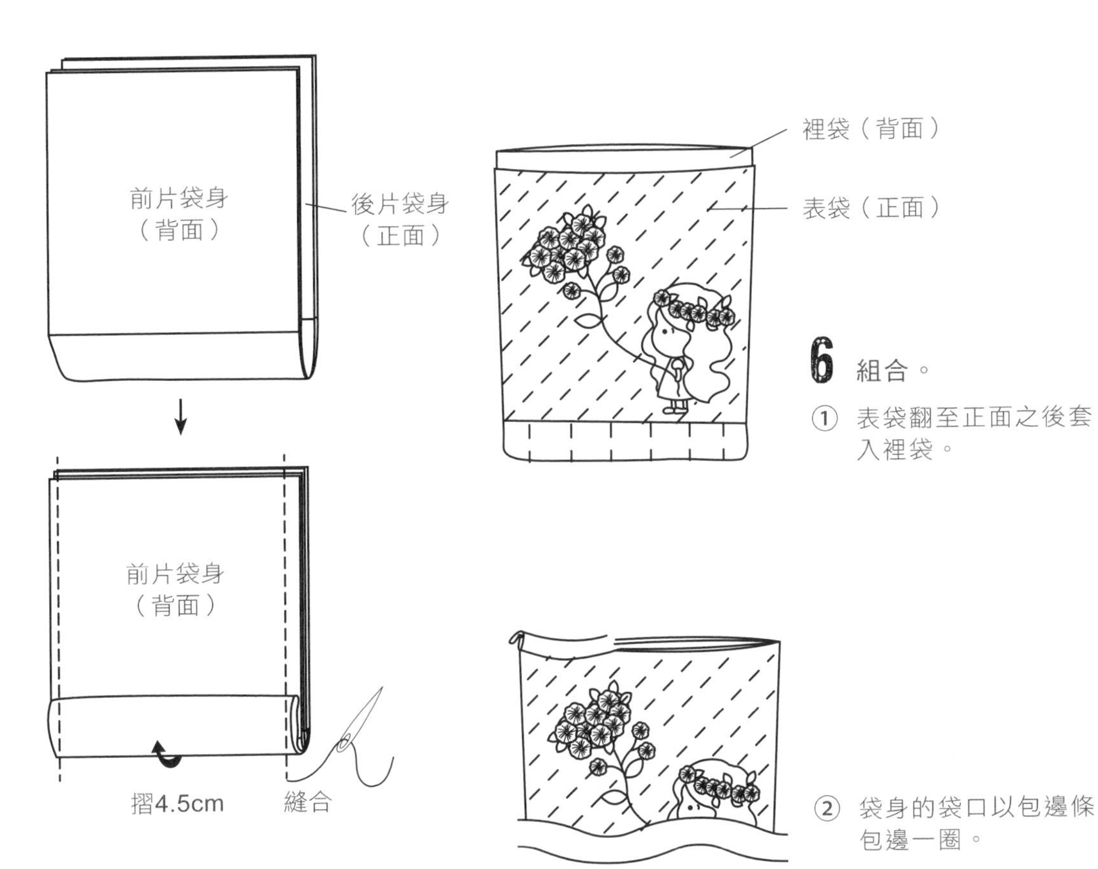

5 縫合袋身。

① 袋身往底布的中心點對摺。
② 對摺之後，底布的中心點再摺4.5cm。
③ 縫合袋身兩側。

6 組合。

① 表袋翻至正面之後套入裡袋。

② 袋身的袋口以包邊條包邊一圈。

裡袋作法

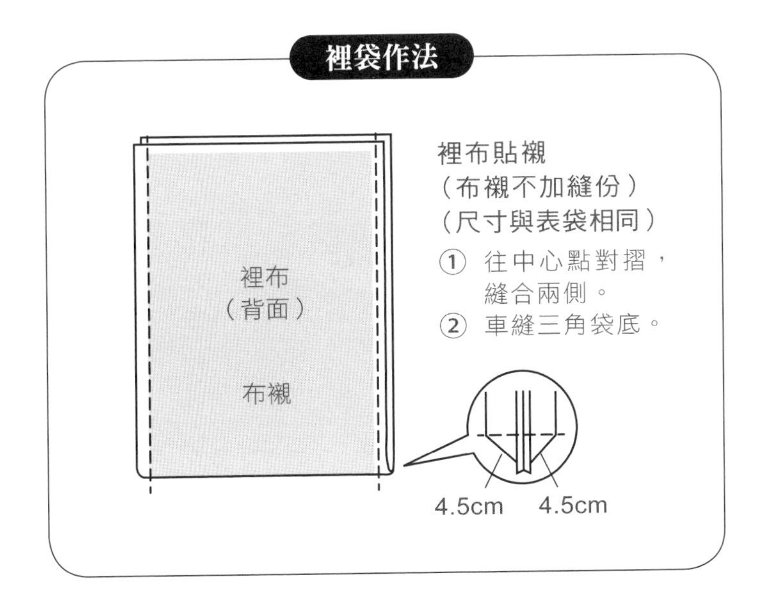

裡布貼襯
（布襯不加縫份）
（尺寸與表袋相同）

① 往中心點對摺，縫合兩側。
② 車縫三角袋底。

7 依位置縫上提把，提把位置間距12cm。

P.26

美好廚娃斜背包

紙型B面

材料

主色布 ·················· 31×62cm
側身用布 ················· 14×66cm
貼布縫用布 ··············· 適量
yoyo布片 ················· 適量
胚布
裡布
鋪棉
厚襯 ···················· 約1.5尺
包邊條3.5×100cm ··· 2條
繡線：黑色、紅色、深咖啡色、
白色 ················· 各適量
壓克力顏料 ··············· 紅色
黑色釦子（0.7cm） ·· 2個
拉鍊30cm ················ 1條
皮革D形環 ··············· 1對
背帶 ···················· 1組

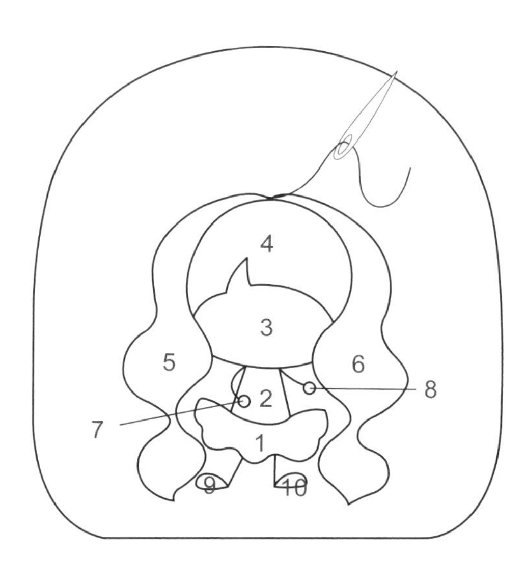

1 製作前片。

① 前片表布依編號順序完成貼布縫圖案。

② 裝飾各部位（除了眼睛、yoyo）。
③ 表布＋鋪棉＋胚布疊合，疏縫壓線。
④ 縫上眼睛。

⑤ 固定葉子。
⑥ 縫上yoyo花。
★yoyo粗略排放，以疏縫線穿過YOYO中心點的圓洞稍作固定，再調整到所需的位置上。
★葉子、yoyo作法請參考P.60至P.61。

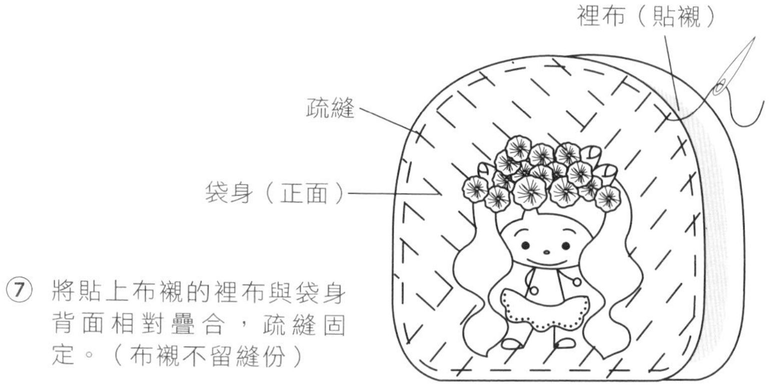

⑦ 將貼上布襯的裡布與袋身背面相對疊合，疏縫固定。（布襯不留縫份）

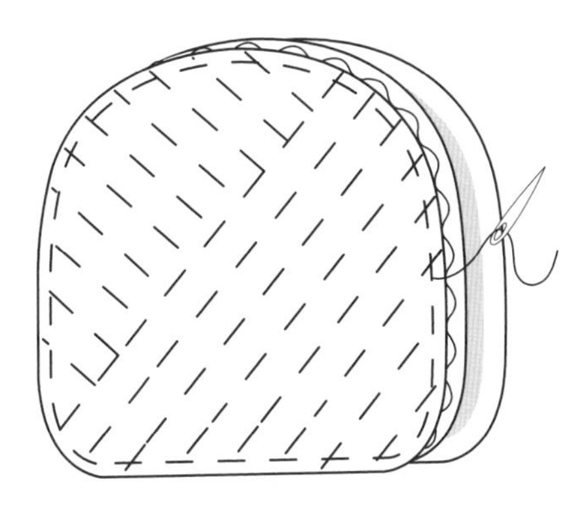

2 製作後片。
作法與1.的步驟③、⑦相同。

側身作法

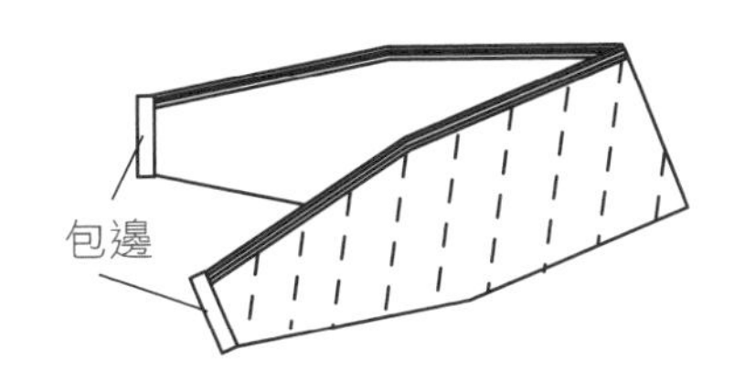

① 表布＋鋪棉＋裡布疊合，疏縫壓線。
② 側身兩端包邊完成。

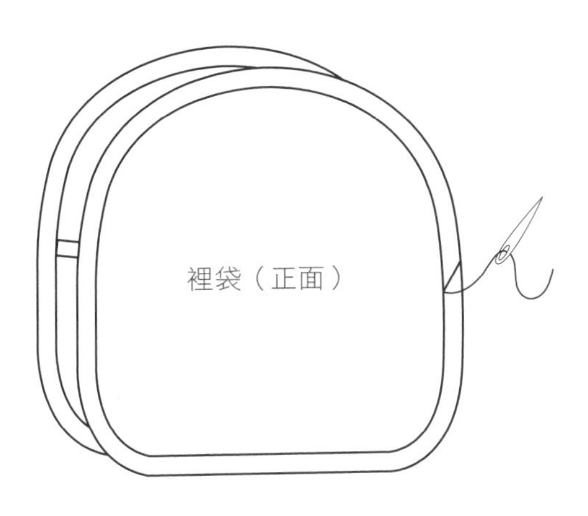

③ 後片袋身與側身縫合，作法與3.的步驟①、②相同。

3 袋身與側身縫合。

① 前片袋身與側身正面相對，依標示位置疏縫固定。

② 以包邊條縫合一圈，再以藏針縫處理包邊。

④ 側身兩端利用工具釘上皮製D形環。
⑤ 袋身袋口縫上拉鍊（30cm）。

How to make

心花開廚娃大包

紙型B面

材料

B布片……………16×30cm
C布片……………30×60cm
D布片……………15×17cm
口布………………16×30cm
貼布片……………適量
胚布
裡布
鋪棉
厚襯……………… 約1.5尺
壓克力顏料：黑色、白色、紅色
繡線：黑色、紅色、膚色、
綠色、暗紅色………適量
裝飾釦……………1個
皮製提把…………1對

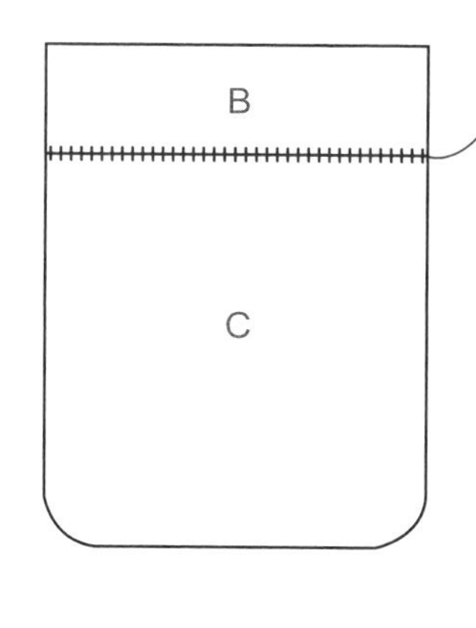

1 製作前片。

① 接合B表布與C表布。

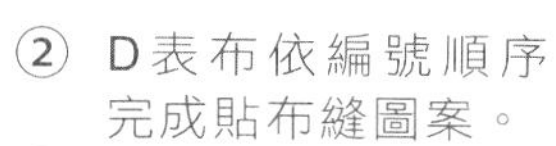

② D表布依編號順序完成貼布縫圖案。
③ 依紙型標示裝飾各部位。

④ 將已完成的D表布周圍縫份往內摺，依紙型標示位置以藏針縫貼縫於C表布上。

⑤ 前片袋身＋鋪棉＋胚布相疊合後疏縫壓線。圖案部分進行落針壓線。
⑥ 車縫三角袋底。

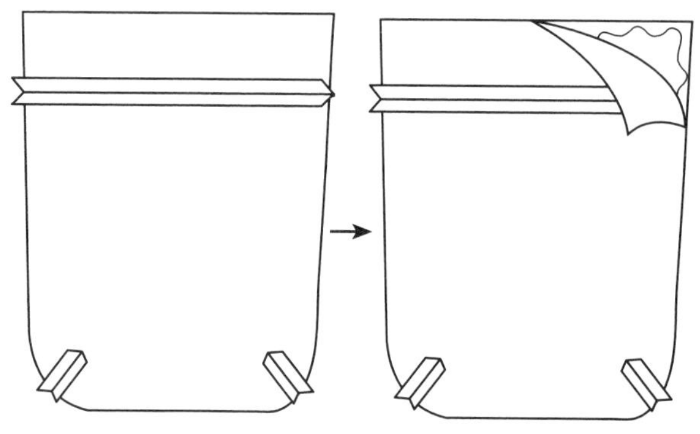

2 製作後片。
作法與前片1.的步驟①、⑤、⑥相同。

口布作法

布條5×27cm（裁剪2條，不含縫份），兩片布條正面相對疊合車縫兩側。

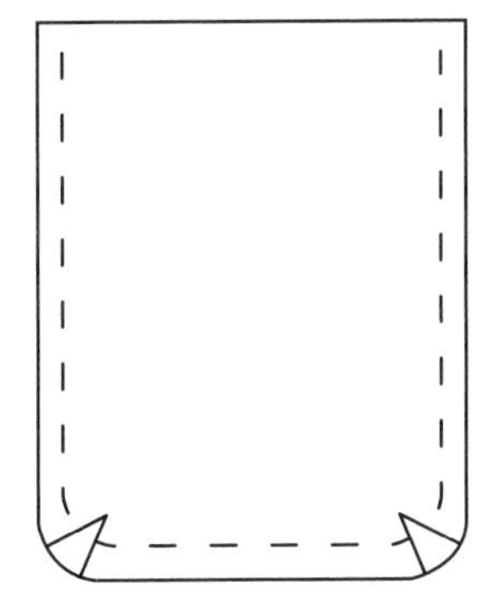

3 組合。

① 前片袋身＋後片袋身正面相對疊合後車縫。

② 表袋翻至正面，將口布（背面）放置於表袋袋口，疏縫一圈。

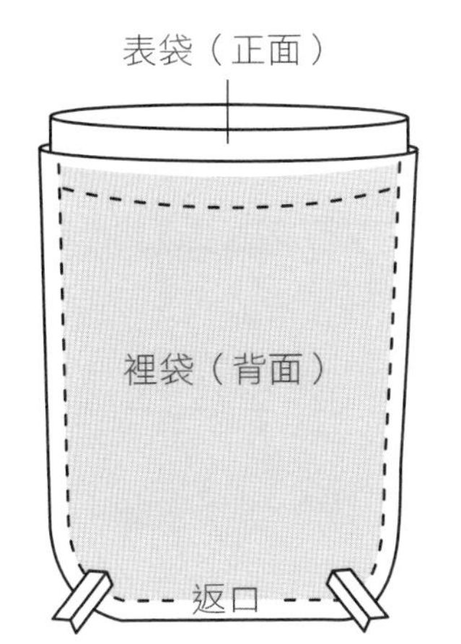

③ 將表袋套入裡袋，正面相對疊合於袋口車縫一圈。
④ 將裡袋由返口翻至表袋背面。

裡袋作法

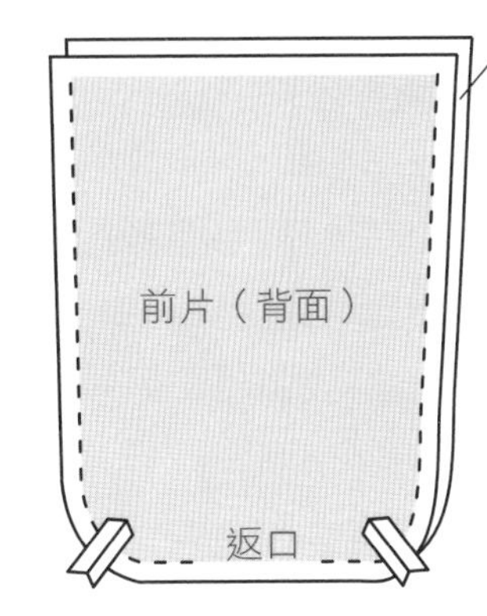

尺寸與表袋相同。

① 前、後片袋身各自貼襯（不須縫份），車出三角底。
② 前、後片袋身正面相對疊合後車縫（留返口）。

4 袋身依標示位置縫上皮製提把。

5 口布縫份（0.7cm）往內摺以藏針縫縫合於裡袋。

△口布最後以藏針縫處理，可遮掩縫合提把時裡袋留下的針目。

Shape of my heart

紙型A面

材料

- 表布
- 裡布
- 鋪棉……………………12×24cm
- yoyo布片……………適量
- 皮製釦環……………1個

1 製作前片袋身。

① 表布＋裡布正面相對疊合＋鋪棉車縫一圈。

鋪棉

② 剪掉鋪棉的縫份。

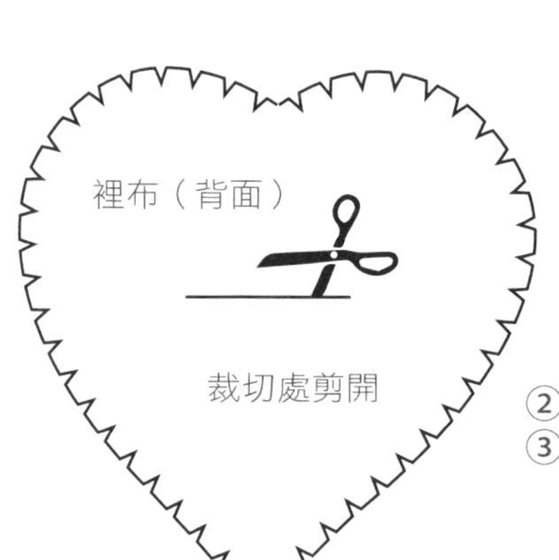

② 袋身縫份剪牙口。
③ 裡布依裁切位置剪開。

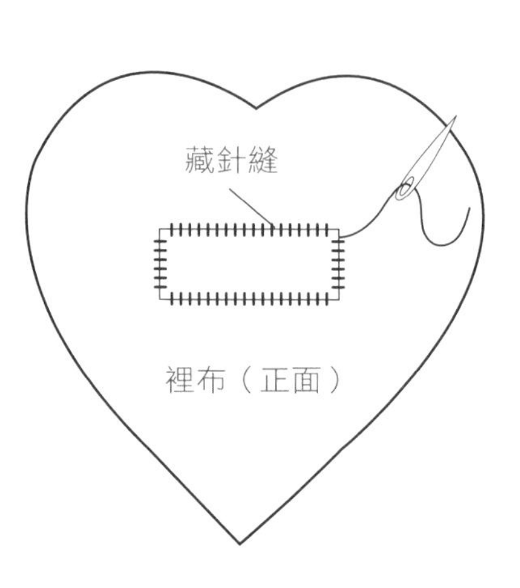

⑤ 由裁切處翻至正面，縫合裁切口。裁切口再以2×4cm布片（已含縫份）以藏針縫縫合遮住裁切口。

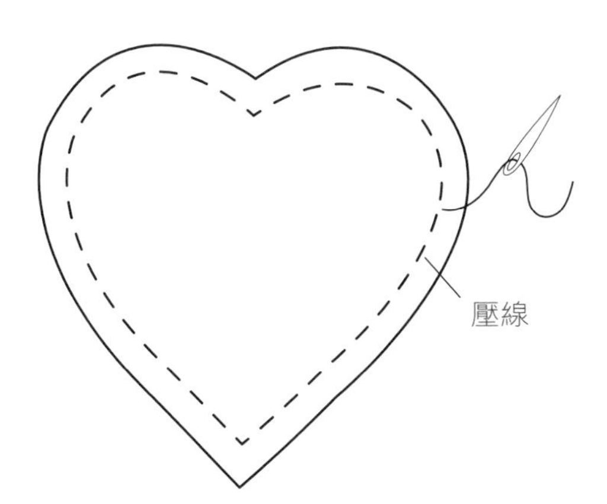

⑥ 前片袋身壓線一圈（距離邊緣0.7cm）。

⑦ 袋身固定葉子。

⑧ 袋身依所需位置縫上yoyo花。

△yoyo花先粗略擺放，使用疏縫線穿過YOYO中心點的圓洞稍作固定，再一邊縫合一邊調整在適當的位置。

★yoyo花、葉子詳細作法請參考P.58至P.59。

2 製作後片袋身
作法與1.的步驟①～⑥相同。

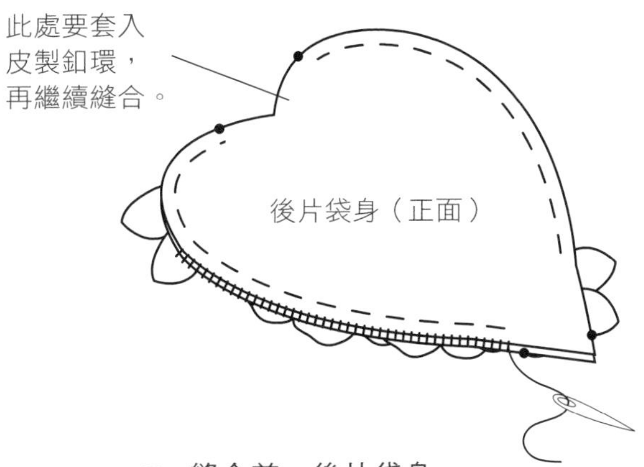

3 縫合前、後片袋身。
前片袋身＋後片袋身背面相對疊合，依紙型標示位置以直針縫縫合（中途要套入皮製釦環，再繼續縫合）。

完成圖。

拼布GARDEN 13

最幸福の遇見！

廚娃&小羊羹の好可愛貼布縫

作　　者／Su 廚娃
發 行 人／詹慶和
總 編 輯／蔡麗玲
執行編輯／黃璟安
內頁插圖／Su 廚娃
作法繪圖／李盈儀
手部模特兒／范思敏
編　　輯／蔡毓玲・劉蕙寧・陳姿伶・李宛真
執行美編／韓欣恬
美術編輯／陳麗娜・周盈汝
攝　　影／數位美學　賴光煜
出 版 者／雅書堂文化事業有限公司
發 行 者／雅書堂文化事業有限公司
郵政劃撥帳號／18225950
戶　　名／雅書堂文化事業有限公司
地　　址／新北市板橋區板新路 206 號 3 樓
電　　話／(02)8952-4078
傳　　真／(02)8952-4084
網　　址／www.elegantbooks.com.tw
電子信箱／elegant.books@msa.hinet.net

2018 年 4 月初版一刷　定價 480 元

經銷／易可數位行銷股份有限公司
地址／新北市新店區寶橋路 235 巷 6 弄 3 號 5 樓
電話／（02）8911-0825
傳真／（02）8911-0801

國家圖書館出版品預行編目資料

最幸福の遇見！廚娃 & 小羊羹の好可愛貼布縫 / Su 廚娃著 .
-- 初版 . -- 新北市 : 雅書堂文化 , 2018.04
面；　公分 . -- (拼布 Garden ; 13)
ISBN 978-986-302-422-4(平裝)

1. 拼布藝術 2. 手工藝

426.7　　107004191

Monthly diary

小小 SU 手作日常

萬用手冊

Yearly Plans

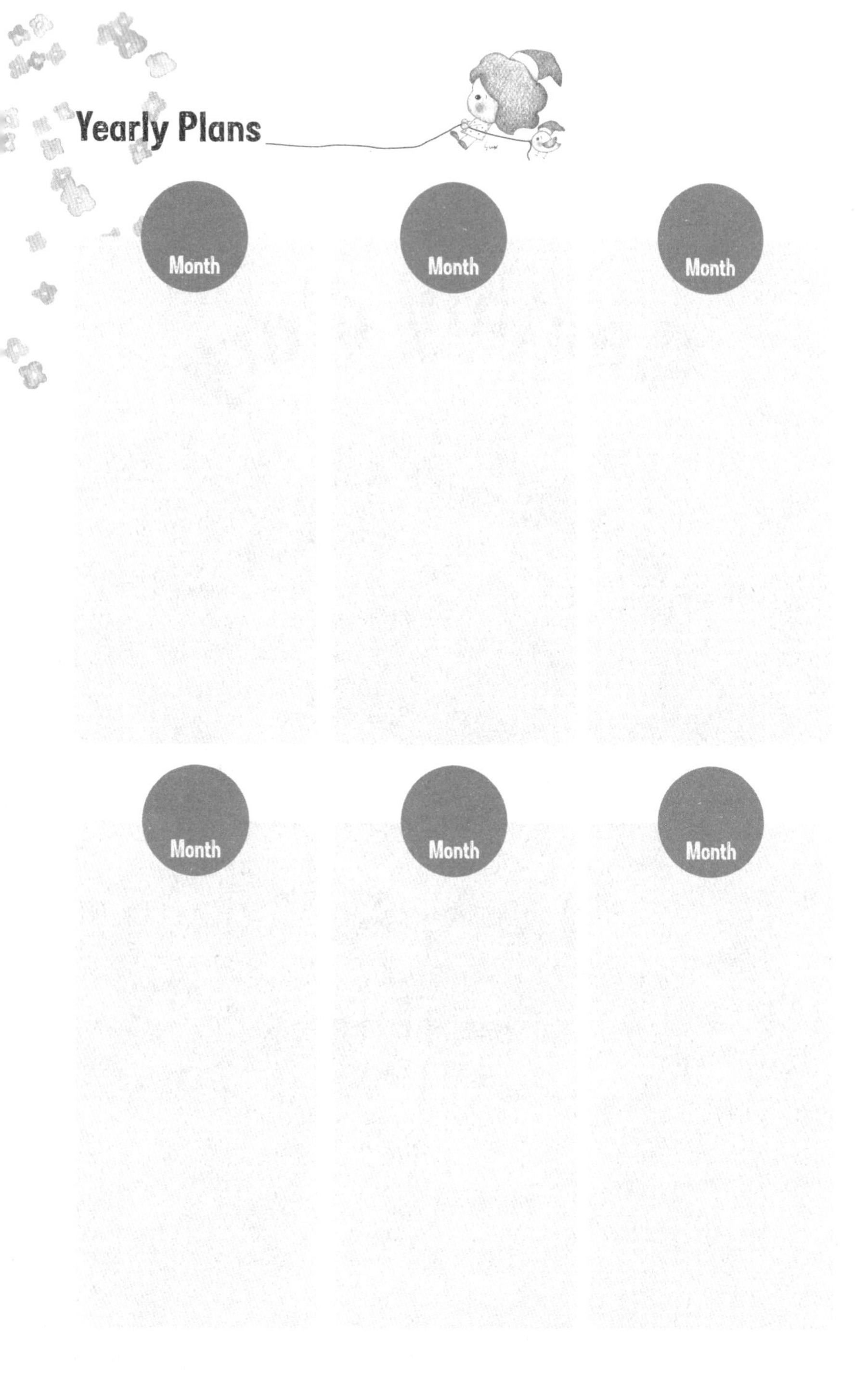

Month
Month
Month
Month
Month
Month

Yearly Plans

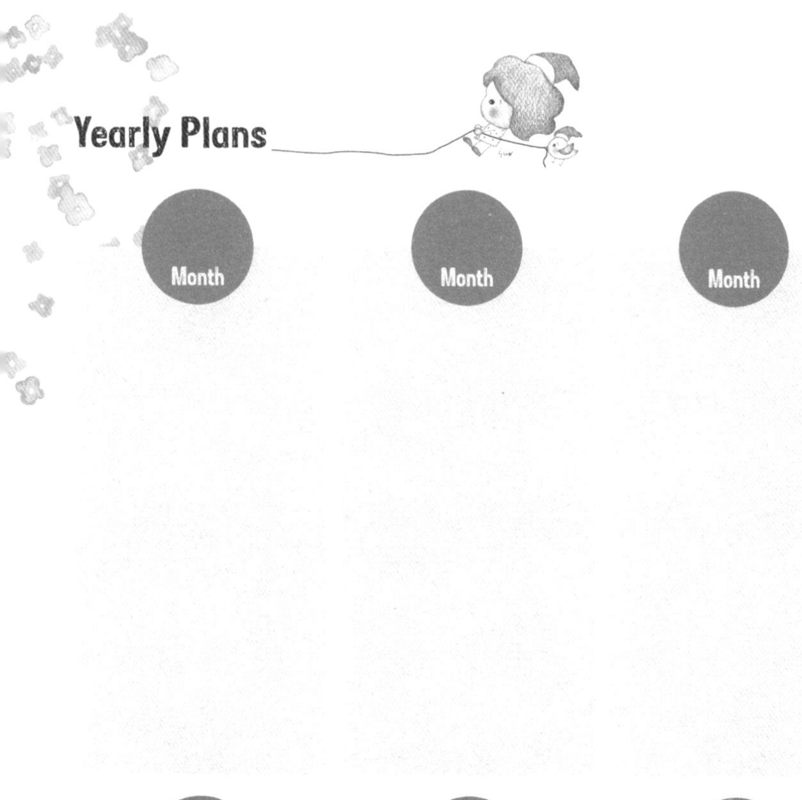

Month
Month
Month
Month
Month
Month

Month	日 Sunday	一 Monday	二 Tuesday

Monthly Plans

三 Wednesday	四 Thursday	五 Friday	六 Saturday

Month	日 Sunday	一 Monday	二 Tuesday

Monthly Plans

三 Wednesday	四 Thursday	五 Friday	六 Saturday

Month
日 Sunday
一 Monday
二 Tuesday

Monthly Plans

三 Wednesday	四 Thursday	五 Friday	六 Saturday

Month
日 Sunday
一 Monday
二 Tuesday

Monthly Plans

三 Wednesday	四 Thursday	五 Friday	六 Saturday

Month

日 Sunday	一 Monday	二 Tuesday

Monthly Plans

三 Wednesday	四 Thursday	五 Friday	六 Saturday

Month

日 Sunday	一 Monday	二 Tuesday

Monthly Plans

三 Wednesday	四 Thursday	五 Friday	六 Saturday

Month	日 Sunday	一 Monday	二 Tuesday

Monthly Plans

三 Wednesday	四 Thursday	五 Friday	六 Saturday

Month
日 Sunday
一 Monday
二 Tuesday

Monthly Plans

三 Wednesday	四 Thursday	五 Friday	六 Saturday

Month	日 Sunday	一 Monday	二 Tuesday

Monthly Plans

三 Wednesday	四 Thursday	五 Friday	六 Saturday

Month	日 Sunday	一 Monday	二 Tuesday

Monthly Plans

三 Wednesday	四 Thursday	五 Friday	六 Saturday

Month

日 Sunday	一 Monday	二 Tuesday

Monthly Plans

三 Wednesday	四 Thursday	五 Friday	六 Saturday

Month

⊟ Sunday	— Monday	⼆ Tuesday

Monthly Plans

三 Wednesday	四 Thursday	五 Friday	六 Saturday

小小 SU 手作日常

※ 請將圖案影印後，再以描圖紙描畫使用，請勿直接裁剪。

Note

Note

Note

Note

Note

Note

Note

Note

Note

Note

Note